Karthika Selvakumar
Chandirasekaran Veerappan
Sureshkumar Sundaram

Características da carcaça e da qualidade da carne da codorniz Namakkal-I

Karthika Selvakumar
Chandirasekaran Veerappan
Sureshkumar Sundaram

Características da carcaça e da qualidade da carne da codorniz Namakkal-I

ScienciaScripts

Imprint
Any brand names and product names mentioned in this book are subject to trademark, brand or patent protection and are trademarks or registered trademarks of their respective holders. The use of brand names, product names, common names, trade names, product descriptions etc. even without a particular marking in this work is in no way to be construed to mean that such names may be regarded as unrestricted in respect of trademark and brand protection legislation and could thus be used by anyone.

Cover image: www.ingimage.com

This book is a translation from the original published under ISBN 978-620-2-02217-0.

Publisher:
Sciencia Scripts
is a trademark of
Dodo Books Indian Ocean Ltd. and OmniScriptum S.R.L publishing group

120 High Road, East Finchley, London, N2 9ED, United Kingdom
Str. Armeneasca 28/1, office 1, Chisinau MD-2012, Republic of Moldova, Europe
Printed at: see last page
ISBN: 978-620-7-93404-1

ABREVIATURAS

AOAC	Association of Analytical Communities
Cm	Centimeter
˚C	Degree Celsius
Df	Degrees of freedom
DHA	Docosahexaenoic acid
EDTA	Ethylenediaminetetraacetic acid
EPA	Eicosapentaenoic acid
G	Gram
Hrs	Hour
Kg	Kilogram
Ml	Millilitre
mM	Millimolar
Min	Minutes
M	Molarity
MSS	Mean sum of square
MUFA	Monounsaturated fatty acid
NS	Not significant
P- value	Probability

PUFA	Polyunsaturated fatty acid
SE	Standard error
SFA	Saturated fatty acid
SFV	Shear force value
USFA	Unsaturated fatty acid
WHC	Water holding capacity

ÍNDICE DE CONTEÚDOS

CAPÍTULO 1

INTRODUÇÃO

A codorniz japonesa *(Coturnix coturnix japonica)* é uma ave de caça migratória originária da Ásia Oriental e do Japão. A codorniz japonesa foi originalmente domesticada por volta do século XI ( ) como ave canora de estimação no Japão (Howes, 1964; Crawford, 1990) e tornou-se popular em termos de carne a partir de 1910 (Kayang *et al.*, 2004). Existem duas espécies de codornizes na Índia: a codorniz de peito preto, que se encontra na selva *(Coturnix coromandelica)* e a codorniz japonesa de cor castanha *(Coturnix coturnix Japonica)*, que é criada para fins de produção de carne no âmbito de uma produção comercial de codornizes. Durante o ano de 1974, o Central Avian Research Institute importou codornizes japonesas de Davis, Califórnia, para diversificação na Índia. Desde então, foram introduzidas muitas melhorias nas suas características económicas e práticas de criação através da investigação. Tal como as galinhas, estas aves estão a ser utilizadas para fins alimentares na Índia. Vários aspectos explicam o aumento da utilidade das aves. Entre eles, a importância económica, o baixo custo de manutenção, o tamanho mais pequeno do corpo, o curto intervalo entre gerações, a resistência às doenças e o excelente animal de laboratório (Baumgartner, 1994). A idade económica de comercialização das codornizes é de cerca de 5 semanas, quando pesam quase 200 g e têm uma eficiência alimentar de 3,0 (Shrivastava e Panda, 1999).

Na Índia, a criação de codornizes japonesas foi recentemente retirada do âmbito da lei de proteção da vida selvagem de 1972 pelo Governo da Índia. A promoção da criação de codornizes nas zonas rurais não só gera rendimentos, como também responde à escassez do suplemento de proteínas animais (Cunha, 2009)

Em 2007, os principais países produtores de carne de codorniz foram a China (160.000 toneladas), Espanha (9.000 toneladas), França (8.000 toneladas), Itália e SUA (3.000 toneladas cada). Há outros países que produzem carne de codorniz, como a Austrália (1 500 toneladas), Portugal e Brasil (1 000 toneladas cada). Os principais países exportadores de carne de codorniz são a Espanha (mais de 3 700 toneladas, exportadas principalmente para a França e a Áustria), a França (mais de 1 600 toneladas, exportadas principalmente para a Alemanha e a Bélgica) e a Itália (mais de 650 toneladas). Alguns países, como a França, a Itália e o Egipto, importam carne de codorniz. A carne de codorniz é também muito popular nos países da Ásia Oriental, como o Japão, Singapura, Malásia, Hong Kong, Coreia, etc., e adquiriu um estatuto comercial no mercado internacional (Cunha, 2009). Na Índia, a produção de carne de codorniz ainda está em desenvolvimento e o governo está a dar

4

incentivos para a produção de codornizes.

A carne de codorniz e os produtos à base de carne são agora amplamente aceites na Índia. A popularidade pode ser avaliada por factores como o número crescente de explorações de codornizes e o preço de mercado, que varia entre 20 e 30 rupias por ave viva de 200 a 220 gramas de peso corporal, sendo possível acrescentar valor com produtos como a carne de codorniz em conserva, codorniz tandoori, *etc.* (Panda e Singh, 1990)

As tendências crescentes na produção de codornizes são sobretudo visíveis na produção de carne. A carne de codorniz está mais frequentemente disponível em todas as lojas de retalho. A carne de codorniz não é apenas uma iguaria de restaurante, mas também é consumida em grande quantidade pelo público. A carne de codorniz é uma carne branca deliciosa com um valor extremamente baixo de gordura da pele e de colesterol. É rica em micronutrientes e numa vasta gama de vitaminas, incluindo as do complexo B, a vitamina E e a vitamina K (Imchel, 2013). O teor percentual de carne comestível na codorniz japonesa é muito elevado. O peito, a perna e a asa contêm 37,3 a 38,7 por cento, 22,7 a 24,4 por cento e 35,9 a 37,8 por cento do peso corporal, respetivamente. Os teores de proteínas, humidade e gordura da carne crua de codorniz são 20,54%, 73,93% e 3,85%, respetivamente (Panda *et al.*, 1987). Entre os ácidos gordos, tem um pouco mais de gorduras saturadas. Contudo, também tem um teor mais elevado de ácidos gordos polinsaturados. A carne de codorniz é mais saborosa do que a de frango e tem um menor teor de gordura. Promove o desenvolvimento do corpo e do cérebro das crianças (Imchel, 2013). É também uma boa fonte de fósforo, ferro e cobre.

O rendimento da carcaça preparada da codorniz japonesa é de 65 a 70 por cento. A carne de codorniz japonesa tem uma capacidade de retenção de água muito boa e uma força de cisalhamento mais elevada.

É de grande importância selecionar os animais que têm a capacidade inerente de produzir carne e ovos de melhor qualidade. Durante o período de crescimento, as aves, para além de aumentarem de tamanho, sofrem alterações na sua forma devido a diferenças na taxa de crescimento das suas partes constituintes. Estas alterações de desenvolvimento podem ser avaliadas pela composição da carcaça ou pelo peso de diferentes órgãos, partes ou tecidos do corpo. As alterações de desenvolvimento determinam a forma, a conformação e as proporções do corpo das aves de capoeira num determinado momento, o que é de importância considerável para a indústria da carne. As características da carcaça e a quantidade de variação presente em diferentes raças e seus cruzamentos devem ser avaliadas com precisão para a formulação de planos de criação adequados para a melhoria da produção avícola. O estudo das diferentes características da carcaça é muito importante, pois implica vários aspectos da economia da produção e oferece soluções para melhorar o rendimento da carne qualitativa e quantitativamente (Singh *et al.*, 1981). Os estudos sobre os rendimentos das diferentes partes cortadas de uma carcaça darão informações primárias sobre o valor e a preferência de cada corte e deverão constituir a base da política de preços.

Recentemente, foram desenvolvidas muitas estirpes mais recentes. A Universidade de Veterinária e Ciências Animais de TamilNadu desenvolveu uma nova estirpe de codorniz designada "Namakkal Quail -1" em 2006. Trata-se de um híbrido comercial de tipo carne, produzido por cruzamento quádruplo de codornizes japonesas. Esta codorniz híbrida atinge um peso corporal médio de 250 g à quinta semana de idade em condições de exploração comercial. Com um rácio de conversão alimentar de 3,2, pode ser criada com menos capital e obter rapidamente um rendimento elevado. É, pois, necessário elucidar as alterações das características físicas e químicas dos músculos das codornizes recentemente desenvolvidas. Estas características físico-químicas podem influenciar a qualidade e o rendimento dos produtos de carne transformados.

Os dados científicos sobre o desempenho da estirpe Namakkal Quail-1 em termos de peso corporal na idade de abate, rendimento da carcaça e outras características físico-químicas e de qualidade da carne não foram estudados. É necessário avaliar a qualidade da carne da codorniz de Namakkal em diferentes parâmetros. Tendo isto em conta, foi concebido um estudo com os seguintes objectivos

1. Avaliar as características da carcaça da codorniz Namakkal -1 *(Coturnix coturnix japonica)*

2. Estudar a influência da idade e do sexo nas características físico-químicas e no perfil de ácidos gordos da codorniz de Namakkal - 1.

3. Estudar a influência da idade e do sexo nas propriedades organolépticas da carne de codorniz Namakkal - 1.

4. Avaliar a idade óptima de abate.

CAPÍTULO 2

REVISÃO DA LITERATURA

As aves de capoeira, a categoria de carne mais comercializada, representam quase 45% do comércio total de carne. A sua popularidade resulta da competitividade dos seus preços em relação a outros tipos de carne e da sua ampla aceitação e adaptabilidade às cozinhas nacionais. O volume do comércio de aves de capoeira aumentou 55% na última década. A Índia produziu 2454 milhões de toneladas de carne de aves de capoeira em 2014. A carne de aves de capoeira inclui carne de frango, peru, codorniz, pato, pombo e gansos. Os países produtores de carne de codorniz são a China (160 000 toneladas), a Espanha (9 000 toneladas), a França (8 000 toneladas), a Itália e a SUA (3000 toneladas cada) em 2007. A carne de codorniz, como a maioria das carnes de aves de capoeira, é uma fonte valiosa de proteínas com um perfil de aminoácidos muito bom e baixo teor de gordura (Genchev *et al.*, 2008). Assim, a fim de aumentar a qualidade da carne de codorniz, a Universidade de Veterinária e Ciências Animais de TamilNadu introduziu uma nova estirpe denominada Namakkal Quail -1 de codorniz japonesa durante o ano de 2006

2.1 Codorniz japonesa

A codorniz japonesa é uma espécie económica domesticada interessante para a produção comercial de ovos e carne, para além da galinha (Fah, 1999)

A codorniz japonesa é uma ave migratória que vive no solo e é originária da Ásia Oriental e do Japão, estando amplamente distribuída na Europa e na Ásia. Os egípcios costumavam capturar grandes quantidades de codornizes nas suas terras agrícolas para a produção de carne. O primeiro registo de codornizes japonesas selvagens surgiu no século VIII, no Japão. A domesticação da codorniz japonesa foi efectuada no século XI no Japão (Howes, 1964). Mas o primeiro registo escrito de codornizes domesticadas no Japão data do século XII em diante. Estas aves foram inicialmente desenvolvidas como aves canoras de estimação e afirma-se que um imperador japonês obteve alívio da tuberculose depois de comer carne de codorniz, o que levou à seleção de codornizes domésticas para a produção de ovos e carne. Entre 1910 e 1941, a população de codornizes japonesas aumentou rapidamente para a produção de carne e de ovos no Japão, na China e na Coreia (Fah, 1999).

Em 1941, foram criados dois milhões de aves, mas durante a Segunda Guerra Mundial, a maioria das codornizes domesticadas perdeu-se. Depois da guerra, a nova domesticação e a importação de aves domésticas da China aumentaram o efetivo doméstico de codornizes japonesas (Howes, 1964).

Há cem anos atrás, na América do Norte, foram feitas várias tentativas para estabelecer a

7

codorniz japonesa como uma ave de caça, mas nenhuma teve sucesso. No passado, a carne de codorniz era consumida em poucos locais, mas atualmente é consumida em todo o mundo (Wilson *et al*, 1971).

2.1.1 Codornizes japonesas na Índia

Na Índia, em 1974, o Central Avian Research Institute importou codornizes japonesas de Davis, Califórnia, para diversificação na Índia. Inicialmente, existiam duas espécies de codornizes na Índia - a codorniz de peito preto para a selva e a codorniz japonesa de cor castanha para a produção de carne e ovos, mas atualmente existem cerca de 45 espécies de codornizes na Índia (Kayang *et al*, 2004).

Embora o governo indiano esteja a incentivar os empresários a criarem codornizes, é necessária uma licença governamental para vender codornizes japonesas comerciais, a fim de proteger a variedade da selva (portal TNAU Agritech)

Os machos de codorniz japonesa pesam cerca de 100 a 140 g e as fêmeas pesam cerca de 120 a 160 g durante a idade de comercialização. A idade económica para a comercialização das codornizes é de cerca de 6 a 7 semanas. Nas condições indianas, as codornizes japonesas podem pôr 80 a 90 ovos/100 dias. O tempo de vida da codorniz é de cerca de 3 a 4 anos. (Shrivastava e Panda, 1999)

2.1.2 Carne de codorniz

A carne de codorniz é muito tenra, deliciosa e nutritiva. É rica em proteínas e pobre em gordura, com mais fosfolípidos, rica em colesterol HDL e também em ácidos gordos polinsaturados.

É também rico em micronutrientes, vitaminas, incluindo as do complexo B, folato e vitaminas E e K.

Promove o desenvolvimento do corpo e do cérebro das crianças e é o alimento mais equilibrado para as mulheres grávidas e lactantes. (Imchel, 2013).

2.1.3 Codorniz de Namakkal - 1

Recentemente, foram desenvolvidas na Índia muitas estirpes mais recentes. A fim de melhorar a qualidade da carne de codorniz japonesa, foi desenvolvida uma nova estirpe pela Universidade de Veterinária e Ciências Animais de Tamil Nadu, em 2006. Foi produzida por cruzamento de quatro vias de codornizes japonesas de linha pura. Estas codornizes Namakkal - 1 atingem um peso corporal médio de 250 g em 5 semanas, com um rácio de conversão alimentar de 3,2. Graças a este ganho de peso corporal precoce, os agricultores podem obter rendimentos mais rápidos e elevados. Os dados científicos sobre o desempenho e a qualidade da carne da codorniz de Namakkal - 1 ainda não estão disponíveis.

2.2 Características da carcaça

2.2.1 Peso antes do abate

Ayorinde (1993) referiu que, à medida que a idade avança, o peso das codornizes japonesas antes do abate também aumenta. O peso corporal às 4 e 8 semanas de idade era de 130,38 g e 175,08 g, respetivamente.

Vali *et al.* (2005) compararam o peso corporal de duas estirpes de codornizes aos 35, 42, 49 e 63 dias de idade e o peso corporal médio para as duas estirpes em determinada idade foi de 135,49g e 125,95g, 160,81g e 150,73g, 181,54g e 172,36g e 198,46g e 192,81g, respetivamente. Os autores referiram que o peso corporal das duas estirpes aos 35, 42 e 49 dias de idade era significativamente diferente, mas não havia diferenças significativas aos 63 dias de idade.

Mohammed *et al.* (2006) analisaram dados de 2926 codornizes japonesas pretas e castanhas e observaram um efeito significativo das estirpes no peso corporal às 6 semanas de idade. Entre as diferentes estirpes, as codornizes japonesas castanhas eram significativamente mais leves do que as aves de estirpe preta.

O peso corporal é uma caraterística economicamente importante nas codornizes japonesas criadas para a produção de carne. Os pesos corporais médios das codornizes japonesas em diferentes idades variaram entre 83,77 e 237,7 g (Vadivukkarasi *et al.,* 2007) às 5 semanas de idade. Saini *et al.* (2007) verificaram que a média geral do peso corporal das codornizes japonesas às 6 semanas de idade era de 158,5 g.

Sekar *et al.* (2007) relataram que o valor mais alto do efeito da idade de abate no desempenho da engorda e nas características da carcaça de codornas japonesas favoreceu as fêmeas do que os machos. Da mesma forma, Ojedapo e Amao (2014) relataram que o peso vivo foi maior em aves fêmeas do que em aves machos (129,43g e 128,50g).

Narinc *et al.* (2010) registaram um rendimento de carcaça mais elevado nos machos do que nas fêmeas de codornizes japonesas. Um órgão reprodutor grande nas fêmeas, como o ovário e o oviduto, é a principal razão subjacente ao maior peso corporal das fêmeas

O sexo afectou significativamente o peso antes do abate das codornizes japonesas criadas em clima quente e húmido (Banerjee, 2010). Os pesos médios pré-abate dos machos são inferiores aos das fêmeas. O peso médio antes do abate das aves machos e fêmeas foi de 216 g e 251 g, respetivamente.

Sakunthaladevi *et al.* (2010) estudaram o crescimento de duas estirpes de codornizes japonesas e observaram que os pesos corporais médios entre o dia de idade e as 4 semanas de idade eram de 9,41 g, 33,23 g, 71,61 g, 121,96 g e 173,66 g, respetivamente. Isto mostra que a estirpe teve um efeito significativo no peso corporal desde o dia de idade até às 20 semanas de idade, ao passo que o efeito do sexo foi significativo nas 2, 3 e 4 semanas de peso corporal.

Wilkanowska e Kokoszynski (2011) observaram que o peso corporal médio das codornizes-faraó era 29,7 g mais elevado aos 42 dias do que aos 33 dias de idade, com uma diferença estatisticamente significativa, e concluíram que o peso corporal das codornizes aumenta à medida que a idade avança.

Shashikumar *et al.* (2011) estudaram as características da carcaça de várias estirpes de codornizes japonesas entre as 5 e as 8 semanas de idade e referiram que as fêmeas eram significativamente mais pesadas do que os machos em todas as estirpes. Os pesos médios globais antes do abate foram de 111,87 g, 139,37 g, 170,29 g e 196,30 g às 5, 6, 7 e 8 semanas de idade, respetivamente.

De acordo com Tarhyela *et al.* (2012a), o efeito da idade no peso vivo (peso antes do abate) foi significativo. O peso às 52 e 30 semanas de idade foi maior do que às 8 e 6 semanas de idade. Os valores médios para o peso pré-abate das aves com 6 e 52nd semanas de idade foram 162,67g e 97,19g, respetivamente. Com o aumento da idade, o peso antes do abate também aumenta.

Kokoszynski *et al.* (2013) estudaram a qualidade da carne de perdizes cinzentas às 32 semanas e relataram que o sexo não teve influência significativa no peso vivo das aves. O peso corporal médio de perdizes cinzentas machos com 32 semanas de idade (301,4 g) foi 1,9 g superior ao das fêmeas.

Alkan *et al.* (2013) estudaram as características de abate de codornizes japonesas machos e fêmeas às 5, 6, 7 e 8 semanas de idade e relataram que a idade e o sexo das aves afectam significativamente o peso pré-abate da ave. O peso médio antes do abate das aves fêmeas e machos foi de 262 g e 217 g, mais elevado para as fêmeas do que para os machos, e o peso médio geral antes do abate às 5, 6, 7 e 8 semanas foi de 208 g, 234 g, 243 g e 274 g, respetivamente.

Narinc *et al.* (2013) referiram que o peso corporal médio das codornizes japonesas às 5 semanas era de 168,12 g, valor semelhante ao registado por Sari *et al.* (2011).

O dimorfismo sexual no peso corporal das codornizes japonesas foi referido por vários autores (Kumar *et al.* 2000, Mohammed *et al.* 2006, Ojedapo e Amao, 2014), que observaram que o peso antes do abate das fêmeas era significativamente superior ao dos machos.

2.2.2 Peso da carcaça e percentagem de preparação

Minvielle *et al.* (2000) referiram que o sexo teve um efeito significativo no rendimento de carcaça das codornizes japonesas abatidas às 5 semanas de idade. Os machos tiveram maior rendimento de carcaça do que as fêmeas. Este facto está de acordo com os resultados obtidos na mesma idade por Yalcin *et al.* (1995).

Sarica *et al.* (2005) relataram que o peso da carcaça quente de codornas japonesas com 35 dias de idade foi de 124,33g e a porcentagem de preparação foi de 63,45%.

Punyakumari (2008) observou uma influência significativa do sexo sobre o peso preparado, a favor das fêmeas. A percentagem média do peso da carcaça preparada dos machos e das fêmeas variou entre 60,5 e 63,79, respetivamente.

Genchev *et al.* (2008) referiram que o rendimento da carcaça das codornizes japonesas varia entre 64-65 por cento.

Alkan *et al.* (2010) verificaram que o sexo tinha um efeito significativo no peso da carcaça e que as fêmeas tinham um peso de carcaça superior ao dos machos. O rendimento médio da carcaça foi de 75,5 por cento para as fêmeas e 73,4 por cento para os machos.

A percentagem média de preparação de aves machos e fêmeas com 50 dias de idade foi de 64,64% e 59,53%, respetivamente, e observou-se que a percentagem de preparação foi maior para as aves machos do que para as fêmeas. Assim, o sexo afecta significativamente a percentagem de preparação das codornizes (Banerjee, 2010).

De acordo com Wilkanowska e Kokoszynski (2011), nas codornizes faraónicas, a percentagem de preparação foi mais elevada nas aves com 42 dias de idade do que nas codornizes faraónicas com 56 dias.

Shashikumar *et al.* (2011) registaram que as aves fêmeas (100,12 g) têm um rendimento de carcaça significativamente mais elevado do que as aves machos (93,68 g) e também observaram uma tendência de aumento do peso da carcaça à medida que a idade avança. Os pesos médios gerais da carcaça foram 68,45g, 86,70g, 107,44g e 125,01g às 5, 6, 7 e 8 semanas de idade, respetivamente. O autor também relatou que a percentagem de preparação de várias estirpes de codornizes japonesas não tem efeito significativo, mas as aves machos apresentaram uma percentagem de preparação significativamente mais elevada (62,84%) do que as aves fêmeas (62,21%) e também observou uma tendência crescente na percentagem de preparação à medida que a idade avança. A percentagem média global de evisceração foi de 61,12, 62,25, 63,08 e 63,65 às 5, 6, 7 e 8 semanas de idade, respetivamente.

Khaldari *et al.* (2011) relataram que, em codornas japonesas de 4 semanas, a porcentagem de curativo foi de 60±0,3 por cento.

Tarhyela *et al.* (2012a) estudaram as características da carcaça de codornizes japonesas machos e fêmeas de 0 a 52 semanas de idade e relataram que o sexo das aves não tem efeito significativo no peso da carcaça da ave.

Daikwo *et al.* (2013) observaram que as codornas japonesas tinham uma percentagem média de preparação de 72,36%. Esta percentagem de preparação é elevada e comparável aos valores obtidos para frangos de carne e perus. A percentagem de preparação das codornizes de 4 semanas de idade, machos e fêmeas, foi de 73,31% e 61,77%, respetivamente.

Charati e Esmailizadeh (2013) referiram que o grupo genético e o sexo das codornizes com 42 dias de idade afectam significativamente o peso da carcaça e a percentagem de preparação. Os machos apresentaram uma percentagem de carcaça mais elevada (69,9 por cento) do que as fêmeas (65,7 por cento).

Jamaludin *et al.* (2013) observaram que não houve diferença significativa para o peso de aves de codornas japonesas com 3, 9 e 36 semanas de idade. O peso das aves com 3 semanas de idade foi inferior ao das aves abatidas em idades mais avançadas.

Akinwumi *et al.* (2013) relataram que a média de peso vivo para gansos, galinhas locais, galinhas exóticas e codornas poedeiras foi de 944,6 g, 916,3 g, 986,1 g e 115,1 g, respetivamente. As codornas apresentaram a maior proporção de peso sangrado (97,48%) e percentagem de preparação (72,24%), enquanto os valores mais baixos foram encontrados nos gansos.

O rendimento da carcaça (percentagem de preparação) das codornizes japonesas variou entre 66,9 e
69.2 por cento em termos de idade e houve uma diferença significativa entre 5 e 8 semanas de idade relatada por Alkan *et al.* (2013).

Em perdizes cinzentas de 32 semanas de idade, Kokoszynski *et al.* (2013) relataram que o sexo não teve influência significativa na percentagem de preparação e no peso da carcaça da ave. A percentagem média de preparação e o peso da carcaça de aves machos e fêmeas foram 72,4 por cento, 72,9 por cento e 218,2g e 216,0g, respetivamente.

2.2.3 Miudezas comestíveis (miúdos)

Mohammed (1990) referiu que as fêmeas apresentavam uma percentagem de miudezas mais elevada do que os machos. Em contraste, Sekar *et al.* (2007) e Ibrahim *et al.* (2009) relataram que o sexo da ave não teve efeito significativo sobre o peso da miudeza.

O peso médio das miudezas (fígado, coração e moela) variou de 9,29 a 10,44 g (Dhaliwal *et al.* 2004).

Sarica *et al.* (2005) afirmaram que o rendimento de miudezas comestíveis foi de 2,56 de fígado, 0,87 de coração e 1,92 de moela para codornas japonesas com 35 dias de idade.

De acordo com Kul *et al.* (2006), o rendimento de miudezas comestíveis foi mais elevado nas fêmeas do que nos machos às 6 semanas de idade. Do mesmo modo, Emami *et al.* (2012) referiram que o rendimento percentual de miudezas comestíveis das codornizes japonesas com 6 semanas de idade era de 2,10%, 1% e 2,21% para a moela, o coração e o fígado, respetivamente.

Vadivukkarasi *et al.* (2007) referiram que a percentagem de miudezas das codornizes japonesas às 5 semanas de idade variava entre 5,2 e 5,7 por cento. A média das miudezas, do coração, do fígado e da moela constituía 8,52, 1,32, 3,71 e 3,49 por cento do peso limpo (Punyakumari, 2007) das codornizes.

Sekar *et al.* (2007) relataram que o rendimento de coração, fígado e miúdos de codornas de 42 dias de idade foi de 1,85 g, 4,20 g e 4,10 g, respetivamente, e resultados semelhantes foram relatados por Sekar *et al.* (2009) em codornas abatidas.

Rahayu *et al.* (2008) referiram que, nas galinhas, independentemente do genótipo, o peso do coração, da moela, do baço e dos pulmões era semelhante entre machos e fêmeas, mas não o do fígado, que era mais pesado nas fêmeas do que nos machos.

Vali (2009) referiu que, aos 49 dias de idade, o peso das miudezas das codornizes japonesas era significativamente afetado pelo sexo da ave. As aves fêmeas apresentavam um peso de miudezas mais elevado do que as aves machos.

Banerjee, 2010, referiu que o peso do fígado era superior nas codornizes japonesas fêmeas em comparação com os machos.

Tarhyela *et al.* (2012b) relataram que o efeito da idade no peso dos órgãos foi significativo (P<0,05), exceto o peso da moela, que não mostrou diferença significativa em todas as idades, das 6 às 52 semanas. Observou-se um maior peso do coração e do fígado de 1,19g e 3,27g durante 30 semanas de idade e isso mostra que o peso do órgão aumenta à medida que a idade aumenta.

Charati e Esmailizadeh (2013) referiram que o peso médio do fígado, a percentagem de fígado, o peso do coração e a percentagem de coração eram de 3,3 g, 4,7 por cento, 0,83 g e 1,1 por cento, respetivamente. Estes foram significativamente afectados pela eclosão e pelo sexo das codornizes japonesas.

Akram *et al.* (2013) estudaram as características de abate das codornizes japonesas às 3, 4 e 5 semanas de idade e referiram que a idade tem um efeito significativo nas miudezas comestíveis. medida que a idade avança, a percentagem de coração em relação ao peso vivo aumenta, enquanto a percentagem de fígado, miudezas e moela diminui. O rendimento médio do fígado, da moela e do coração foi de 3,15%, 3,49% e 0,61%, 3,03%, 3,34% e 0,70%, 2,46%, 2,71% e 0,90% às 3, 4 e 5 semanas de idade.

Alkan *et al.* (2013) observaram que, nas codornas japonesas, o sexo teve um efeito significativo na percentagem de moela e fígado. As fêmeas têm maior percentagem de moela do que os machos, enquanto não houve diferença significativa para a percentagem de coração e moela entre as codornizes abatidas às 5, 6, 7 e 8 semanas de idade e a percentagem de fígado foi afetada pela idade de abate.

Caglayan *et al.* (2013) verificaram que o rendimento de miudezas comestíveis (fígado, moela, coração, baço) em codornizes japonesas com 35 e 42 dias de idade era de 4,49%, 5,63%, 1,45% e 0,24%, respetivamente.

Daikwo *et al.* (2013) referiram que o sexo não afecta significativamente as miudezas comestíveis das codornizes japonesas às 4 semanas de idade. O peso da moela das aves fêmeas é ligeiramente superior ao das aves machos. O peso médio do fígado, do coração e da moela das aves machos e fêmeas foi de 2,06 g, 2,84 g e 1,13 g e 1,17 g, 2,45 g e 3,31 g, respetivamente.

Ojedapo e Amao (2014) relataram que houve diferença significativa entre o sexo e o peso das miudezas comestíveis de codornas japonesas. O peso do coração, da moela e do fígado das fêmeas (1,33g, 4,68g e 3,5g) foi superior ao dos machos (11,0g, 3,53g e 3,48g).

Alagawany *et al.* (2015) relataram que em codornas japonesas de 35 dias, a percentagem de miudezas era de 5,8 a 6,00 por cento.

2.2.4 Miudezas não comestíveis

Treat e Goodwin (1973) referiram que a produção de miudezas não comestíveis (sangue, penas, cabeça, patas e pés) nos frangos de carne representava 17,5 a 18,5 por cento do peso de abate, com os machos a apresentarem uma produção ligeiramente superior à das fêmeas, devido ao facto de a cabeça e os pés serem maiores. Afirmaram também que as fêmeas têm cavidades corporais maiores e proporcionalmente mais vísceras do que os machos e que o peso extra dos pés e da cabeça perdido pelos machos era compensado pelo peso extra das vísceras perdido pelas fêmeas.

Singh *et al.* (1980) referiram que as miudezas totais contribuíram com 26,1, 23,6, 25,5 e 26,6 por cento para o peso de abate das codornizes às 5, 6, 7 e 8 semanas, respetivamente. O sexo não teve um efeito significativo na percentagem de miudezas totais até às 6 semanas de idade, mas as fêmeas apresentaram uma percentagem de miudezas significativamente mais elevada do que os machos em idades posteriores.

Choudhary e Mahadevan (1983) referiram que o volume sanguíneo diminui com a idade, entre sexos, o volume sanguíneo não mostrou diferenças significativas às 6 semanas, mas as fêmeas mostram menos percentagem de sangue do que os machos

Banerjee (2010) referiu que o sexo das codornizes japonesas afectava significativamente a produção de miudezas não comestíveis, principalmente a perna e o trato gastrointestinal, que eram mais elevados nas fêmeas do que nos machos. O peso da cabeça, da pele e das penas, da perna, do trato gastrointestinal e dos órgãos reprodutores foi de 10,33 g e 10,30 g, 13,89 g e 12,91 g, 5,4 g e 6,13 g, 12,39 g e 23,73 g e 7,17 g e 7,43 g para os machos e as fêmeas, respetivamente.

Ionita *et al.* (2012) referiram que a proporção de sangue, penas, órgãos e intestinos era de 5,34%, 6,45% e 16,78% para codornizes japonesas de 6 semanas, respetivamente.

2.2.5 Cortar peças

Genchev *et al.* (2008) registaram uma diferença significativa entre fêmeas (15,97 por cento) e machos (16,63 por cento) para a percentagem de coxa. Os machos apresentaram valores mais elevados do que as fêmeas, mas não houve diferença significativa entre os sexos para a percentagem de perna, asa e dorso.

Alkan *et al.* (2010) não observaram qualquer efeito significativo do sexo na percentagem de asas, pescoço e dorso na carne de codornizes japonesas.

Bonos *et al.* (2010) referiram que o rendimento das partes cortadas de codornizes japonesas com 6 semanas de idade era de 27,02% de rendimento do peito, 22% da perna, 27,02% do dorso, 7,58% do pescoço e 8,20% da asa.

Wilkanowska e Kokoszynski (2011) observaram que as carcaças de codornas com 42 dias de idade continham significativamente mais músculos da perna quando comparadas com as aves com 33 dias de idade. A proporção de músculos peitorais na carcaça eviscerada com pescoço foi semelhante nas codornizes com 33 e 42 dias de idade (30,8 e 30,9 por cento) e ligeiramente superior nas aves mais velhas.

Khaldari *et al.* (2011) relataram que, em codornas japonesas de 4 semanas, o rendimento do peito, da perna e do dorso foi de 38±0,4, 26±0,3 e 36±0,6g, respetivamente.

Sari *et al.* (2011) referiram que as correlações genotípicas e fenotípicas no peso da carcaça e no peso às 5 semanas de seleção das codornizes aumentam o peso das partes valiosas da carcaça das codornizes japonesas; aumenta significativamente o peso do peito e das pernas das codornizes.

Ionita *et al.* (2012) relataram que a proporção média de partes da carcaça na idade de 6 semanas foi a seguinte: 41,00 por cento de peito, pernas 24,12 por cento, costas 25,78 por cento, enquanto as asas eram 0,38 por cento.

Tarhyela *et al.* (2012b) observaram diferenças significativas (P<0,05) no rendimento do peito, da coxa e do dorso. Com 52 semanas de idade foram observados os maiores pesos da coxa (21,87g) e do dorso (51,90g) quando comparados com 6 semanas de idade. Enquanto que o maior peso do peito de 32,47g foi observado durante 30 semanas de idade em comparação com aves de 6 semanas.

Akinwumi *et al.* (2013) observaram que as codornizes apresentavam os valores mais elevados para o peito, coxa e dorso, enquanto os gansos apresentavam os valores mais elevados para a asa. Observou-se que a galinha local e a galinha exótica tinham a maior proporção de coxa. A percentagem média de asa, pescoço, peito, coxa e dorso das codornizes foi de 6,4 por cento, 3,7 por cento, 22,4 por cento, 10,2 por cento e 16,2 por cento, respetivamente.

De acordo com Charati e Esmailizadeh (2013), o sexo da ave afecta significativamente o peso do peito e a percentagem de peito nas codornizes japonesas. O peso médio do peito e a percentagem de peito foram de 22,0 g e 29,2 por cento, respetivamente. A percentagem média de asas foi de 11,7 por cento, a percentagem de dorso foi de 12,1 por cento e a percentagem média de pescoço foi de 5,9 por cento, respetivamente.

Kokoszynski *et al.* (2013) relataram que, em perdizes cinzentas de 32 semanas, com exceção dos músculos do peito, do pescoço e da perna, o peso dos músculos da asa foi significativamente afetado pelo sexo da ave. O peso da asa das fêmeas foi superior ao dos machos. O peso médio do músculo da asa, do músculo da perna, do músculo do peito e do músculo do pescoço foi de 8,8 e 10,7, 17,4 e 17,0, 30,7 e 31,1 e 3,4 e 3,3 g em aves machos e fêmeas, respetivamente.

Alkan *et al.* (2013) relataram que, nas codornas japonesas, com exceção da percentagem de asas e de peito, não houve diferenças significativas entre os sexos nas partes cortadas, enquanto a idade de abate teve um efeito significativo na percentagem de pescoço e de dorso. Quando as idades de abate aumentaram, a percentagem de peito diminuiu. A percentagem de peito foi de 37,9 por cento e 36,8 por cento para fêmeas e machos, respetivamente. No entanto, a percentagem do pescoço e do dorso aumenta, sendo de 7,88% e 23,1% e de 8,12% e 23,2% para as fêmeas e os machos, respetivamente.

De acordo com Daikwo *et al.* (2013), às 4 semanas de idade das codornizes japonesas, o sexo das aves teve um efeito significativo no peso do peito. As aves fêmeas tinham um peso do peito superior ao peso da coxa, do dorso e da asa das aves machos. O peso médio do peito, peso da asa, peso da coxa e peso do dorso das aves machos e fêmeas foi de 28,82g e 33,04g, 2,66g e 3,58g, 6,62g e 5,64g e 33,03g e 34,03g, respetivamente.

Caglayan e Sekar (2013) referiram que o rendimento médio das pernas, das asas, do peito e do pescoço e dorso das codornizes japonesas com 42 dias de idade era de 22,82%, 8,74%, 37,13% e 31,23%, respetivamente.

De acordo com Ojedapo e Amao (2014), as partes cortadas das codornizes japonesas, o peso da coxa e o peso do pernil foram maiores para as aves fêmeas (11,40g e 10,55g) do que para as aves machos (2,68g e 2,60g).

2.3 Características físico-químicas da carne

2.3.1 pH

Segundo Abd El All (1997), o pH da carne fresca de codorniz era de 5,61 a 5,71 e o da carne congelada de 5,6 a 6,6.

Lonergan *et al.* (2003) estudaram a carne de frangos de 5 grupos genéticos (Leghorn de raça pura, Fayoumi de raça pura, frangos de carne comerciais, cruzamento Leghorn de raça pura F5 e cruzamento Fayoumi de raça pura F5) colhidos às 8 semanas de idade e concluíram que os 5 grupos genéticos não diferiam significativamente quanto ao pH.

Karakaya *et al.* (2005) observaram que os valores de pH mais elevados, como 6,17 e 6,00, foram encontrados na carne do peito de codorniz japonesa. Um valor semelhante foi registado por Genchev *et al.* (2008 e 2010), mas Narinc *et al.* (2013) observaram que o pH final médio da carne do peito de codorniz japonesa era de 5,94.

Karakaya *et al.* (2005) registaram os valores de pH de diferentes espécies, nomeadamente perdiz (6,35), codorniz (6,53), galinha (6,40) e peru (6,32), respetivamente.

Demarchi *et al.* (2005) relataram que, em frangos da raça Padovana, o pH do músculo do peito e da coxa foi significativamente afetado pelo sexo da ave. A percentagem de pH do peito e da coxa foi maior nas fêmeas do que nos machos. O pH dos músculos do peito e da coxa dos machos e das fêmeas foi de 5,83 e 5,79 e de 6,03 e 6,14, respetivamente.

O valor do pH da carne depende do teor de glicogénio no músculo e da atividade locomotora. O pH do músculo do peito foi ligeiramente inferior ao do músculo da perna 24 horas após o abate em codornizes japonesas, tal como referido por Genchev *et al.* 2008.

De acordo com Ali *et al.* (2008), no pato, o pH da carne do peito refrigerada a 0°C era mais elevado aos 50 minutos post mortem do que a carne refrigerada a 20°C. Embora não tenham sido encontradas diferenças significativas entre o pH da carne do peito armazenada a 0°C, 10°C e 20°C.

Betti *et al.* (2009) relataram que o valor mais alto da força de cisalhamento foi observado quando o pH final era inferior a 5,72 em frangos de corte. As diferenças de maciez foram atribuídas à diminuição da capacidade de retenção de água também associada ao baixo pH final.

Abdullah *et al.* (2010) referiram que, na carne do peito de frango 24 horas após a refrigeração, o declínio do pH tende a aumentar com o aumento da idade e que se registaram diferenças significativas no pH durante a pós-descongelação devido à estirpe e à idade de abate. O pH das aves com 32 dias de idade é mais elevado do que o das aves com 42 dias de idade.

Ikhlas *et al.* (2010) afirmaram que a idade da codorniz tinha um efeito significativo no valor do pH da carne; o pH era mais elevado para a carne de codorniz gasta do que para a carne de codorniz jovem.

Genchev *et al.* (2010) referiram que o pH das codornizes japonesas douradas da Manchúria, desde o abate até ao rigor mortis, diminuiu de 6,13 ± 0,04 para 5,91 ± 0,03 na carne do peito e de 6,74 ± 0,04 para 6,58 ± 0,04 na carne da perna.

Wilkanowska e Kokoszynski (2011) relataram que a idade das codornas não teve efeito significativo sobre o pH15 dos músculos do peito e da perna. O pH15 médio do músculo do peito e da perna foi de 5,92, 6,47 e 5,98, 6,49 aos 33 e 42 dias de idade, respetivamente. Em ambas as datas de avaliação, o pH15 dos músculos da perna era mais elevado do que o dos músculos do peito.

Huda *et al.* (2011) referiram que, no pato, se registaram diferenças significativas no valor do pH entre as partes do peito e da coxa das carnes de pato de Pequim e de pato almiscarado. O pH do peito de pato de Pequim era mais baixo do que o da coxa, ao passo que o pH do peito de pato almiscarado era mais elevado do que o da coxa.

Kirmizibayrak *et al.* (2011) relataram que, em gansos nativos de perus, o pH final da carne variou de 5,96 a 6,04, respetivamente. A idade das aves não afectou significativamente o pH final, resultado semelhante foi relatado por Jassim *et al.* (2011) em pato e galinha. Os gansos machos (6,02) apresentaram um pH final mais baixo do que o das fêmeas (5,99). Um resultado semelhante foi registado em galinhas por Kaynak *et al.* (2010).

Jamaludin *et al.* (2013) relataram que o pH aumentou com o aumento do tempo de armazenamento para as idades de abate de 3 e 9 semanas, enquanto não foi observado um aumento significativo no pH para as codornas gastas durante o mesmo período de armazenamento. O pH das codornizes jovens foi mais baixo (6,1) do que o das codornizes mais velhas (6,3), tendo sido observado um pH mais baixo apenas no dia 3, enquanto não foi observada qualquer diferença no pH entre as idades de abate nos respectivos dias de amostragem. O valor global do pH das aves observado foi superior ao pH normal recomendado associado ao pH final normal (5,6-5,8) para a carne, mas foi inferior ao observado por Ikhlas *et al.* (2010). Embora não tenha sido observada anteriormente qualquer diferença significativa no pH das codornizes, independentemente da idade de abate (Abdullah *et al.*, 2010).

Ribarskis e Genchev (2013) referiram que as diferentes raças de codornizes japonesas não têm um efeito significativo no pH post mortem e nos valores de pH 24 post mortem da carne do peito. Este varia entre 5,4 e 5,5.

De acordo com Kokoszynski *et al.* (2013), o sexo das perdizes não teve um efeito significativo no pH15 dos músculos do peito e da perna. Foi registada uma maior acidez dos músculos do peito e da perna nas fêmeas (6,45 e 6,55) do que nos machos (6,32 e 6,49).

Edris *et al.* (2014) referiram que o pH da carne de pombo fresca varia entre 5,7 e 6,0 e o da carne de pombo congelada varia entre 5,8 e 6,1, respetivamente.

2.3.2 Capacidade de retenção de água (WHC)

Ockerman (1975) afirmou que a humidade total estava dividida em duas categorias: água livre e água ligada. Quanto maior a percentagem de água ligada, maior é a capacidade de retenção de água do tecido muscular.

Brahma *et al.* (1984) registaram uma média de WHC (cm^2) de 1,829 para patos e de 2,191 para galinhas. A carne branca tinha valores de pH significativamente mais baixos do que a carne escura, provavelmente devido a uma taxa mais rápida de glicólise post mortem, que era parcialmente responsável pela sua WHC relativamente mais baixa.

Fanatico *et al.* (2007) verificaram que um sistema de produção ao ar livre resultou numa capacidade de retenção de água significativamente mais baixa. Esta menor WHC indicou perdas no valor nutricional através dos exsudados que foram libertados, o que resultou numa carne mais seca e mais dura. Resultados semelhantes foram registados por Wang *et al.* (2009) em frangos de crescimento lento.

Omojola (2007) estudou as características da carcaça de várias raças de carne de pato e observou que a diferença na WHC não dependia do sexo ou da raça.

Genchev *et al.* (2008) observaram que a WHC do músculo peitoral era melhor do que a do músculo da perna e que os machos tinham uma WHC (20,2 por cento) mais elevada do que as fêmeas (18,6 por cento).

Abdullah *et al.* (2010) afirmaram que, em frangos com idades compreendidas entre os 32 e os 42 dias, não foram observadas diferenças significativas entre idades e estirpes no que respeita à capacidade de retenção de água da carne do peito.

De acordo com Genchev *et al.* (2010), o WHC das codornizes japonesas douradas da Manchúria variou entre 18,05 por cento e 21,7 por cento na carne do peito e da perna de ambos os sexos. O músculo *bíceps femeoris* dos machos é mais elevado (19,07 ± 0,65) do que o das fêmeas (17,12 ± 0,51), enquanto o músculo peitoral das fêmeas tem uma WHC mais elevada (20,64 ± 0,52) do que a dos machos (19,32 ± 0,46), respetivamente. Assim, a WHC das codornizes douradas japonesas da Manchúria variou entre 18,05 por cento e 21,7 por cento, respetivamente.

Wilkanowska e Kokoszynski (2011) relataram que a idade das codornas teve um efeito significativo na WHC dos músculos do peito e da perna. A WHC mais elevada da carne do peito e da perna (73,3 por cento a 76,2 por cento) foi encontrada em aves mais velhas, com 42 dias de idade.

Huda *et al.* (2011) referiram que, no caso do pato, existe uma diferença significativa entre o peito e a coxa do pato de Pequim e do pato almiscarado em termos de WHC. O WHC do peito do pato de Pequim foi inferior ao da coxa e também referiu que o WHC de diferentes espécies de aves de capoeira como a perdiz (39,6%), a codorniz (47,4%), o frango (37,5%) e o peru (38,0%).

Kirmizibayrak *et al.* (2011) relataram que, em gansos nativos de perus, o sexo e a idade não tiveram efeito significativo na WHC da carne. O WHC variou de 5,97 a 6,68, respetivamente. Resultados semelhantes foram relatados por Wawro *et al.* (2004) em carne de pato. Mas Anadon

(2002) relatou que houve uma diminuição linear do WHC do peito com o aumento da idade.

Ribarskis e Genchev (2013) relataram que, nas codornizes japonesas, a diferença relacionada com a raça na WHC dos músculos peitorais era insignificante. A média da WHC das codornizes do Faraó e das codornizes douradas da Manchúria foi de 21,4 e 23,1, respetivamente.

Os valores mais elevados de pH dos músculos da coxa e do peito das perdizes fêmeas contribuíram para uma maior WHC da carne às 32 semanas de idade. Isto mostra que o sexo não teve um efeito significativo no WHC da carne. O WHC médio das aves machos e fêmeas foi de 78,8% e 79,8%, respetivamente (Kokoszynski *et al.* 2013)

2.3.3 Diâmetro da fibra

Tuma *et al.* (1962) registaram que o diâmetro das fibras brancas, intermédias e vermelhas das galinhas domésticas era de 75,5, 75,0 e 62,5 pm e os valores correspondentes para os patos domésticos eram de 79,80, 37,5 e 32,0 pm, respetivamente.

Jeremiah e Martin, (1978) referiram que, nos bovinos, havia uma diferença significativa entre os sexos no diâmetro das fibras do músculo *Longissimus dorsi* em todas as raças de reprodutores. A carcaça de touro tinha um diâmetro de fibras *do músculo Longissimus dorsi* maior do que a carcaça de novilho a 1 e 24 horas de idade.

A seleção para aumentar a carne do peito dos frangos não tem efeito sobre o tipo e o diâmetro das fibras, mas, segundo Horak *et al.* (1989), o aumento do volume muscular dos frangos resultou do aumento do diâmetro das fibras. Do mesmo modo, Aberle e Stewart (1983) referiram que os frangos de crescimento rápido têm um diâmetro maior do que as linhas de crescimento lento.

Mohan *et al.* (1990) estudaram as codornizes japonesas às 6 e 8 semanas de idade e verificaram que o diâmetro das fibras musculares era significativamente mais elevado nos machos às 8 semanas do que às 6 semanas de idade. O diâmetro médio das fibras musculares era de 45 pm tanto nos machos como nas fêmeas com 6 semanas de idade e de 54,01 e 48,34 pm nos machos e nas fêmeas com 8 semanas de idade, respetivamente.

Wilson *et al.* (1990) relataram que o crescimento ocorre por um aumento no diâmetro da fibra muscular e não por hiperplasia após a eclosão.

Rehfeldt *et al.* (1999) referiram que o frango tem um diâmetro de fibra muscular de 20pm para o músculo *Longissimus dorsi.*

Considera-se que o crescimento da fibra muscular é controlado por um aumento do comprimento e do diâmetro e por um alongamento devido à adição de novos sarcómeros formados nas extremidades (Scheuermann *et al.*, 2004).

Wattanachant *et al.* (2005) verificaram que o diâmetro das fibras era maior nos músculos do peito e da coxa dos frangos indígenas tailandeses do que nos frangos de carne. Jaturasitha *et al.* (2008) registaram um resultado semelhante: o diâmetro das fibras era independente do genótipo; o diâmetro das fibras mais pequeno foi encontrado nos frangos tailandeses, sendo intermédio nos frangos com ossos pretos e mais elevado nos frangos de raças importadas.

O diâmetro da fibra varia de 1 a 10 pm, mas depende de factores como a saúde, a espécie, a raça, o sexo, a idade e o plano de nutrição (Choi e Kim, 2008).

Jaturasitha *et al.* (2008) verificaram que o diâmetro das fibras nos frangos é afetado pela raça. O diâmetro da fibra do frango nativo e do frango RIR variava entre 21,5 e 34 pm e 36,5 e 48 pm, respetivamente.

Schoppmeyer *et al.* (2008) referem que as fibras musculares das galinhas de crescimento rápido têm um diâmetro de fibra duas vezes superior ao das galinhas de crescimento lento e que um diâmetro de fibra elevado está frequentemente associado a um maior número de fibras gigantes, afirmando ainda que, à medida que a idade avança, o diâmetro das fibras também aumenta.

Shasikumar *et al.* (2008) referiram que, nas codornizes japonesas, o teor de diâmetro das fibras musculares era de 25,86 pm, 26,56 pm, 28,59 pm e 31,68 pm às 5, 6, 7 e 8 semanas de idade, respetivamente, e que o diâmetro médio das fibras musculares aumentava significativamente à medida que a idade avançava. O diâmetro médio das fibras musculares variou de 25,24 a 32,69 pm.

Werner *et al.* (2008) relataram que, no peru, o peru de crescimento rápido tinha um diâmetro de fibra muscular maior do que o peru de crescimento lento. O diâmetro da fibra muscular do peru de crescimento rápido variou entre 11,2 pm e 9,9 pm, enquanto o diâmetro da fibra muscular do peru de crescimento lento variou entre 7,9 pm e 8,8 pm, respetivamente.

Khoshoii *et al.* (2013) compararam o diâmetro da fibra muscular de frangos nativos com frangos de corte comerciais e relataram que o diâmetro médio do músculo de machos e fêmeas foi de 30 a 34,5pm, 29 a 52,5pm para frangos nativos e 31 a 39pm e 32 a 35pm para frangos de corte comerciais, respetivamente. Foi observada uma diferença significativa relacionada com o sexo apenas no lado esquerdo dos músculos *Pectoralis superficialis* dos frangos nativos.

2.3.4 Comprimento do sarcómero

Jeremiah e Martin (1978) estudaram o efeito do sexo e da raça no comprimento dos sarcómeros da carne de bovino e referiram que o sexo e a raça têm um efeito significativo no comprimento dos sarcómeros e que foram observadas diferenças significativas no comprimento dos sarcómeros do *Longissimus dorsi* pós rigor na carcaça com um tempo de envelhecimento de 6 e 20 dias.

Cross *et al.* (1980) compararam a precisão do método laser para medir o comprimento dos sarcómeros com a precisão de dois métodos de microscopia de imersão em óleo e concluíram que a medição do comprimento dos sarcómeros não era significativamente afetada pelo método de medição ou pelo técnico.

O valor da força de cisalhamento e o comprimento do sarcómero apresentam uma correlação negativa na carne do peito de pato e de frango. O encurtamento dos sarcómeros é um dos principais factores que contribuem para a dureza da carne e, se o comprimento dos sarcómeros for mais elevado, o valor da força de cisalhamento torna-se mais baixo (Dunn *et al.*, 2000).

Cavitt *et al.* (2004) observaram que, nos frangos de carne, à medida que o tempo de envelhecimento aumenta, o comprimento dos sarcómeros também aumenta. O comprimento dos sarcómeros dos frangos de carne variou entre 1,57 e 1,71 horas, respetivamente.

Ali *et al.* (2008) relataram que, na carne de pato, não houve diferenças significativas entre a carne refrigerada a várias temperaturas (0°C, 10°C e 20°C) para o comprimento do sarcómero, mas o comprimento do sarcómero foi maior para a carne refrigerada a 10°C (1,88pm).

Shasikumar *et al.* (2008) referiram que, nas codornizes japonesas, o comprimento dos sarcómeros era de 1,14 pm, 1,35pm, 1,42pm e 1,57pm às 5, 6, 7 e 8 semanas de idade, respetivamente, com um aumento do comprimento dos sarcómeros à medida que a idade avançava. O comprimento médio dos sarcómeros variou entre 1,12 e 1,57 pm.

Guzek *et al.* (2012) afirmaram que o comprimento do sarcómero na carne vermelha depende da concentração de miofibrilhas. Também reflecte a dureza da carne.

Guzek *et al.* (2015) relataram que havia uma relação entre o comprimento do sarcômero e a proteína e o marmoreio na carne bovina. O comprimento do sarcómero foi positivamente correlacionado com o teor de gordura intramuscular e negativamente correlacionado com o teor de proteína. Quanto maior o comprimento do sarcómero, menor o teor de proteína.

Hayes *et al.* (2015) referiram que, nos bovinos, o comprimento dos sarcómeros dos bovinos não kosher e dos bovinos kosher qualificados era de 1,92 pm e 1,84 pm. O músculo *Longissimus dorsi* de bovinos qualificados como kosher tendia a ter um comprimento de sarcómero mais curto do que o de bovinos não qualificados como kosher. O comprimento do sarcómero indica uma menor maciez da carne e os animais com temperamento mais calmo possuem um comprimento de sarcómero mais longo.

O comprimento dos sarcómeros depende da genética detalhada dos animais, do pH final, do processo de encurtamento durante o desenvolvimento do rigor mortis, do estiramento ou contração e da amostra de músculo recolhida e os cortes foram observados e relatados por vários autores (Koohmaraie *et al.*1996, Weaver *et al.* 2008, Costa *et al.*2011 e Guzek *et al.*2015).

2.3.5 Valor da força de corte (SFV)

De acordo com Dodge e Stadelman (1959), o cisalhamento Warner-Bratzler tem sido o dispositivo mecânico mais utilizado para determinar a VFS.

Sarvella *et al.* (1973) estudaram a qualidade da carne de frango, codorniz e faisão e referiram que o valor da força de cisalhamento (VFS) do frango era mais baixo e a carne de frango era mais tenra do que a carne de codorniz e faisão.

De acordo com Treat e Goodwin (1973), o sexo e o tamanho não tiveram qualquer efeito nos valores da força de cisalhamento dos músculos da coxa para frangos de carne refrigerados ou cortados a quente e um valor de cisalhamento mais elevado para os músculos do peito e da coxa em frangos de carne cortados a quente. Os machos tinham um valor de cisalhamento de 11,6 kg/cm^2 e as fêmeas tinham 12,2 kg/cm^2 de carne.

Cross *et al.* (1980) compararam a precisão do método laser para medir o comprimento dos sarcómeros com a precisão de dois métodos de microscopia de imersão em óleo e concluíram que a medição do comprimento dos sarcómeros não era significativamente afetada pelo método de medição ou pelo técnico.

Ngoka *et al.* (1982) observaram que o SFV nos perus não era afetado pelo sexo, mas era significativamente afetado pela idade das aves. O VFS era mais baixo nos perus com 20 semanas do que nos perus com 16 semanas. O VFS do peru com 20 semanas de idade foi de 1,72 kg/cm^2 enquanto o do peru com 16 semanas de idade foi de 1,95 kg/cm^2 , respetivamente.

O aumento significativo do valor da força de cisalhamento da carne de codorniz usada foi atribuído ao aumento da estabilidade do colagénio à degradação térmica, à menor suscetibilidade à ação da collegenase e ao maior grau de ligação cruzada entre cadeias polipeptídicas com o avanço da idade (Singh e Panda, 1987).

Mohan *et al.* (1990) estudaram as codornizes japonesas às 6 e 8 semanas de idade e verificaram que o SFV era significativamente mais elevado nos machos às 8 semanas de idade. A carne na sexta semana de idade era significativamente mais tenra do que na oitava semana de idade. O valor médio da força de cisalhamento foi de 0,439 e 0,406 em machos e fêmeas com 6 semanas de idade e de 0,947 e

0,661 kg/cm^2 em machos e fêmeas com 8 semanas de idade, respetivamente.

Lonergan *et al.* (2003) estudaram a carne de aves de 5 grupos (Leghorn consanguíneo, Fayoumi consanguíneo, frangos de corte comerciais, cruzamento Leghorn consanguíneo F5 e cruzamento Fayoumi consanguíneo F5) colhida às 8 semanas de idade e verificaram que a força de cisalhamento de Kramer (kg/g de amostra) era mais elevada nos peitos dos frangos de corte comerciais do que nos peitos das linhas consanguíneas.

De acordo com Demarchi *et al.* (2005), na raça Padovana, a maciez das aves machos e fêmeas foi de 1,706 kg/cm^2 e 1,498 kg/cm^2 , respetivamente. A maciez da carne não foi significativamente afetada pelo sexo da ave.

Musa *et al.* (2006) referiram que, nos frangos, o VFS dos machos e das fêmeas era de 2,94 a 3,56 kg/cm^2 e de 2,32 a 2,94 kg/cm^2 e concluíram que os machos tinham um VFS mais elevado do que as fêmeas e que a carne dos machos era mais dura do que a das fêmeas e que a tenrura diminuía à medida que a idade aumentava. Brewer *et al.* (2012) registaram resultados semelhantes em frangos: os frangos de carne machos eram mais duros do que os frangos de carne fêmeas.

Ali *et al.* (2007) observaram que houve uma diminuição da SFV com o aumento do tempo de armazenamento e que isso estava relacionado com a tenrura da carne, uma vez que a tenrura diminui com o tempo de armazenamento da carne de pato. Mas Ali *et al.* (2008) não observaram diferenças significativas na carne de pato no valor da força de cisalhamento da carne refrigerada a 0°C, 10°C e 20°C. O SFV mais baixo foi observado para a carne refrigerada a 10°C (3,66kg/cm^2).

Abdullah *et al.* (2010) observaram uma interação significativa no SFV entre a idade e o tempo de envelhecimento da carne do peito de frango de corte. À medida que a idade de abate e o tempo de envelhecimento aumentam, o SFV diminui.

Genchev *et al.* (2010) relataram que a maciez da carne do peito em codornas japonesas douradas da Manchúria aumentou cerca de 11% com o avanço da idade de abate das aves de 31 para 42 dias.

De acordo com Hanzelkova *et al.* (2011), o sexo teve um efeito significativo na tenrura da carne de bovino, independentemente do tempo de envelhecimento. A carne de touros era mais dura do que a de novilhas. O SFV para o touro foi 104,39±0,73 e para a novilha 79,12±0,69, respetivamente.

Kirmizibayrak *et al.* (2011) observaram que, em gansos nativos de perus, o SFV varia de 3,36 a 3,63kg/cm^2 , respetivamente. A idade e o sexo das aves não tiveram influência significativa no SFV. Mas Northcutt *et al.* (2001) relataram que o SFV geralmente aumenta com o aumento da idade.

A SFV para a carne do peito de pato variou de 3,7 a 4,2 kg/cm^2 relatado por Kim *et al.* (2012) e Omojola (2007) descobriu que o cisalhamento Warner Blatzer da carne do peito de pato de machos (2,6kg/cm^2) foi significativamente mais macio do que a carne de fêmeas (3,4kg/cm^2). Mas Smith *et al.* (2015) descobriram que a força de cisalhamento não foi afetada pelo sexo do pato.

Zerehdaran *et al.* (2014) não registaram qualquer diferença significativa entre aves machos e fêmeas no que respeita a características de qualidade da carne. No entanto, a maior força de cisalhamento nos machos em comparação com as fêmeas sugere que a carne das fêmeas era mais tenra.

2.4 Composição proximal

Dawson *et al.* (1971) referiram que, nas codornizes Bobwhite, a percentagem de proteínas era de 22% e não foram encontradas diferenças significativas no teor de proteínas entre aves machos e fêmeas e também entre idades.

Hamm e Ang (1982) referiram que a matéria seca, as proteínas, as cinzas e a gordura variavam entre 23,74 e 25,38 por cento, 18,93 e 22,60 por cento, 0,90 e 1,15 por cento e 2,26 e 7,88 por cento em *C. coturnix,* codornizes e quaĺis selvagens, respetivamente.

Ngoka *et al.* (1982) referiram que, no peru, a composição proximal não foi afetada pela idade das aves, mas o sexo teve um efeito significativo no total de cinzas. O teor total de cinzas era elevado nos machos em comparação com as fêmeas.

Ayorinde (1993) referiu que não havia diferenças significativas na composição proximal de ambos os sexos às 8 semanas de idade nas codornizes japonesas, embora os machos tivessem um teor ligeiramente mais elevado de matéria seca e de proteínas brutas, mas menos humidade e gordura do que as fêmeas. O teor de matéria seca, proteína bruta, humidade e gordura da carne de aves machos e fêmeas foi de 26,21 e 25,32 por cento, 70,18 e 69,05 por cento, 73,79 e 74,69 por cento e 25,95 e 27,05 por cento, respetivamente.

Marks (1993) observou que as determinações da composição da carcaça revelaram um efeito significativo da idade e da linha. Tanto a percentagem de cinzas como a de proteínas aumentaram desde a eclosão até aos 14 dias, mantendo-se depois constantes. A percentagem de água diminuiu e a de lípidos totais aumentou com o aumento da idade.

Yalcin *et al.* (1995) estudaram a composição química da carne de codornizes japonesas e referiram que a idade tinha um efeito significativo no teor de proteínas, matéria seca, gordura e cinzas da carne do peito. As fêmeas tinham um teor de proteínas semelhante ao dos machos às 7 e 8 semanas de idade e um teor de gordura semelhante ao dos machos às 6 semanas de idade. O teor médio de proteínas da carne do peito das codornizes às 5, 6, 7 e 8 semanas de idade foi de 18,2, 18,8, 19,4 e 19,6 nos machos e de 18,7, 19,1, 19,3 e 19,6 nas fêmeas, respetivamente. As médias correspondentes para a gordura foram 4,0, 5,2, 7,1 e 8,2 e 3,5, 5,1, 6,8 e 7,8 e para as cinzas foram 3,1, 3,0, 3,2 e 3,4 e 2,7, 2,8, 2,9 e 3,1, respetivamente.

Genchev *et al.* (2005) estudaram a qualidade da carne de várias raças de codornizes japonesas e referiram que as raças tinham um efeito significativo na composição proximal da carne. O teor de matéria seca e de proteínas da carne de codornizes da raça faraon era superior em 8 a 8,5 por cento e em 2,3 a 4,6 por cento quando comparado com outras raças de codornizes.

Demarchi *et al.* (2005) referiram que, em frangos da raça Padovana, não houve diferenças significativas entre machos e fêmeas na composição química do músculo do peito, exceto no que se refere às percentagens de matéria seca e ao teor de cinzas (fêmeas e machos), e não houve diferenças entre as idades na composição química do músculo do peito, exceto no que se refere à percentagem de proteínas. Os teores de matéria seca, proteínas, lípidos e cinzas dos machos e das fêmeas foram de 25,37 e 25,46 por cento, 22,8 e 22,67 por cento, 1,39 e 1,59 por cento e 1,19 e 1,24 por cento, respetivamente. As fêmeas tinham um teor mais elevado de matéria seca e de cinzas.

Sarica *et al.* (2005) referiram que, em codornizes japonesas com 35 dias de idade, a composição proximal era de 37,53% de matéria seca, 62,47% de humidade, 19,54% de proteínas brutas e 15,35% de extrato etéreo.

Ali *et al.* (2007) referiram que a composição proximal da carne de pato e de frango era de 75,47 e 76,41 por cento de humidade, 22,04 e 20,06 por cento de proteínas, 1,05 e 1,84 por cento de gordura e 1,07 e 0,92 por cento de cinzas, respetivamente.

A composição proximal da carne de frango era de 76,03 por cento de humidade, 0,92 por cento de cinzas, 14,48 por cento de proteínas e 1,51 por cento de gordura, respetivamente, tal como referido por Ho *et al,* 2007.

Jaturasitha *et al.* (2008) referiram que os teores de humidade e proteína do músculo do peito não diferiam significativamente entre os genótipos de frango. O teor de humidade, gordura e proteína do frango nativo e do frango Rhode Island Red foi de 72,1 por cento e 24,4 por cento, 0,51 por cento e 73,7 por cento, 23,6 por cento e 0,76 por cento, respetivamente.

Rahayu *et al.* (2008) relataram que a interação genótipo x sexo não foi significativa para os teores de água, cinzas e gordura do músculo do peito do frango. Independentemente do genótipo, o músculo do peito dos pintos machos tinha um teor de água mais elevado e menos proteínas do que as fêmeas. A composição proximal média dos machos e das fêmeas foi de 74 e 72,4 por cento para a água, 1,09 e 1,12 por cento para as cinzas, 3,76 e 3,26 por cento para a gordura, 17,8 e 19,3 por cento para as proteínas e 3,59 e 4,50 por cento para os hidratos de carbono, respetivamente. A interação genótipo x sexo foi significativa para os teores de proteínas e hidratos de carbono dos músculos do peito.

Salakova *et al.* (2009) referiram que as composições químicas das codornizes japonesas com 35 dias de idade variavam entre 25,42% e 26,69% para a matéria seca e entre 0,60 e 3,28% para o extrato etéreo, respetivamente.

Ikhlas *et al.* (2010) referiram que a idade da ave tinha um efeito significativo na composição proximal da carne. A carne de codorniz jovem tinha um teor mais elevado de humidade, cinzas e hidratos de carbono em comparação com a carne de codorniz usada.

Bonos *et al.* (2010) referiram que a composição proximal das codornizes japonesas com 6 semanas de idade era de 219g/kg para a proteína bruta, 31g/kg para a gordura bruta, 719g/kg para a humidade e 15g/kg para o teor de cinzas, respetivamente.

Huda *et al.* (2011) referiram que, no pato, os resultados de proximidade mostraram que o teor de proteínas do peito é mais elevado do que o da coxa, enquanto o teor de gordura do peito era mais baixo. Em comparação com o frango e a avestruz, a humidade da carne de pato era mais elevada, mas o teor de proteínas era mais baixo. O teor de gordura do peito e da coxa de pato era superior ao da galinha e da avestruz, enquanto o teor de cinzas dos patos era inferior ao da galinha, mas só os patos almiscarados apresentavam um teor de cinzas inferior ao da avestruz.

Elmali *et al.* (2014) referiram que a carne de codorniz japonesa contém 26,60 por cento de matéria seca, 1,39 por cento de cinzas brutas, 21,51 por cento de proteínas brutas e 0,90 por cento de extrato etéreo, respetivamente.

2.5 Perfil de ácidos gordos

Hamm e Ang (1982) compararam a composição química da carne de codornizes japonesas, codornizes Pen bob white e codornizes selvagens bob white e referiram que as codornizes japonesas continham 44,8% de ácido oleico, 28,5% de ácidos gordos saturados (SFA), 47,9% de ácidos gordos monoinsaturados (MUFA) e 57,8 mg/100 g. A proporção de vários ácidos gordos, nomeadamente o ácido mirístico, o ácido palmítico, o ácido palmitoleico, o ácido esteárico e o ácido linolénico, era de 44,8%.8 mg/100 g. A proporção de vários ácidos gordos, como o ácido mirístico, o ácido palmítico, o ácido palmitoleico, o ácido esteárico, o ácido oleico, o ácido linoleico e o ácido linolénico, foi de 0,8,

20,6, 3,1, 7,1, 44,8, 22,9 e 0,1 por cento, respetivamente.

Dengawy e Nassar (2001) referiram que a média total de ácidos gordos insaturados representava 73,9, 66,8, 60,2 e 67,5 por cento do total de ácidos gordos na coxa masculina, no peito masculino, na coxa feminina e no peito feminino das codornizes, enquanto a média de ácidos gordos saturados era de 25,1, 30,1, 32,0 e 30,4 por cento, respetivamente. Os ácidos gordos essenciais na coxa e no peito dos machos foram de 34,8 e 29,0 % contra 25,7 e 28,1 por cento nas fêmeas.

Sheu e Chen (2002) referiram que o principal ácido gordo do frango era o ácido oleico (33,45%), seguido do ácido palmítico (26,97%) e do ácido linoleico (18,13%). Mas Jaturasitha *et al.* (2008) referiram que, no frango tailandês, o ácido gordo mais importante era o ácido palmítico, seguido do ácido linolénico.

Demarchi *et al.* (2005) referiram que o perfil de ácidos gordos do peito consistia numa elevada percentagem de ácidos gordos polinsaturados (PUFA). Não se verificaram diferenças significativas entre os sexos no que se refere aos ácidos gordos, exceto no caso do ácido palmítico, do ácido linolénico (ácido gordo ómega 3) (fêmeas > machos) e do ácido oleico (ácido gordo ómega 7) na galinha da raça Padovana.

Ali *et al.* (2007) referiram que o total de SFA, UFA e MUFA apresentou uma diferença significativa na carne de pato entre 1 e 7 dias de armazenamento. Os AGS aumentaram enquanto os AGOU e os AGMI diminuíram no peito de pato durante 7 dias de armazenamento.

Ho *et al.* (2007) referiram que a composição em ácidos gordos da carne de frango era de 0,49 por cento de ácido mirístico, 14,69 por cento de ácido palmítico, 8,99 por cento de ácido palmitoleico, 5 por cento de ácido esteárico, 46,96 por cento de ácido oleico, 23,15 por cento de ácido linoleico, 0,71 por cento de ácido linolénico, SFA 20,33 por cento, MUFA 55,95 por cento e PUFA 23,86 por cento, respetivamente.

Jaturasitha *et al.* (2008) referiram que a proporção de vários ácidos gordos era diferente entre os genótipos, mas nem todas as diferenças eram semelhantes em ambos os músculos. As diferenças no perfil de ácidos gordos foram, na sua maioria, menos pronunciadas entre as duas raças importantes.

Kanok-Orn Interapichet *et al.* (2008) referiram que os ácidos gordos saturados nas fêmeas são mais elevados do que nos frangos de carne machos e expressaram os valores de ácidos gordos saturados como 33,6 e 23,0, MUFA 32,5 e 30,5, PUFA 33,9 e 46,5 em percentagem e teor de colesterol 52,1 e 54,32 (mg por grama de tecido) em fêmeas e machos, respetivamente.

O perfil lipídico da carne de codorniz é formado por quatro ácidos gordos: ácido oleico, palmítico, linolénico e esteárico. O perfil lipídico total não varia entre a carne da perna e do peito. A proporção de ómega-6 e ómega-3 - PUFA foi de 0,73 na carne de codorniz, tal como referido por Genchev *et al.* (2008).

Jaturasitha *et al.* (2008) referiram que a carne de frango desossado preto tinha um teor relativamente baixo de AGS no músculo do peito e um teor elevado de AGPI em comparação com a raça de frango importada. Os AGS e os AGPI do frango preto desossado eram 35,45 e 33,80 por cento e os da raça importada 40,48 e 30,07 por cento, respetivamente.

Bonos *et al.* (2010) referiram que o perfil de ácidos gordos de codornizes japonesas com 6 semanas de idade era de 5,54% de ácido mirístico, 18,69% de ácido palmítico, 5,16% de ácido palmitolei, 9,83% de ácido esteárico, 31,95% de ácido oleico, 22,52% de ácido linoleico, 1,36% de ácido linolénico, 34,05% de AGS totais, 42,08% de AGMI totais e 28,37% de AGPI totais, respetivamente.

Ebeid *et al.* (2011) relataram que as codornizes japonesas de 6 semanas de idade contêm 42,03% de AGS, 46,07% de AGMI, 12,29% de AGPI e 2,36% de ácidos gordos ómega 3.

Ionita *et al.* (2011) relataram que a carne de codorniz tem menor teor de gordura do que a carne de frango e de pato. O teor de ácidos gordos ómega 3 foi elevado na carne de codorniz japonesa, seguido da carne de pato e depois da carne de frango. O ácido gordo ómega 3 da carne de codorniz japonesa era de 1,25%, o do pato de 1,02% e o do frango de carne 0,9%, respetivamente.

Nuernberg *et al.* (2011) referiram que, no faisão selvagem e de criação, o principal ácido gordo registado foi o ácido palmítico, seguido do ácido linoleico.

Franco *et al.* (2012) relataram que a raça Mos apresentou maior percentagem de PUFA e SFA (25,90 e 38,94 por cento) e menor percentagem de MUFA (35,14 por cento) em comparação com o frango. O frango contém 38,08, 38,95 e 22,74 por cento de SFA, MUFA e PUFA.

Elmali *et al.* (2014) referiram que as codornizes japonesas contêm 27,17% de AGS, 39,38% de AGMI, 33,45% de AGPI e 72,83% de ácidos gordos insaturados (AGS). Entre os ácidos gordos, 32,65% de ácido oleico e 9,36% de ácido palmítico eram elevados na carne de codorniz japonesa.

2.6 Propriedades organolépticas

Dodge e Stadelman (1962) afirmaram que a avaliação da maciez pelo método do painel organolético envolve a avaliação de amostras de carne por membros do painel, quer pelo número de mastigações necessárias para mastigar a carne, quer pela classificação numa escala hedónica.

Afirmaram também que, mesmo com um pequeno painel de membros, se pode obter uma boa avaliação relativa, que é considerada a avaliação mais exacta da maciez.

De acordo com Peterson e Lilyblade (1969), diferenças significativas na maciez poderiam ser atribuídas apenas à linhagem genética e não ao período de armazenamento da carne de frango em cada grupo de estudos de 9 semanas a 19 semanas de frangos machos de três linhas de New Hampshire.

Dawson *et al.* (1971) avaliaram a cor, o sabor, a textura, a suculência e a aceitabilidade das codornizes Bobwhite cozinhadas numa escala hedónica de 9 pontos e referiram que todas as pontuações eram relativamente elevadas (aceitáveis). As pontuações relativas ao sabor e à suculência foram melhores e não se registaram diferenças entre os sexos e as idades.

Kloss *et al.* (1972) afirmaram que o corte da carcaça quente imediatamente após a evisceração reduzia a tenrura. A avaliação do painel gustativo é a melhor forma de prever as propriedades alimentares da carne, mas este método é demasiado trabalhoso e dispendioso para uma análise de rotina rápida de numerosas amostras de carne

Sarvella *et al.* (1973) estudaram a avaliação organoléptica da carne de frango, faisão e codorniz e referiram que o frango era preferido à carne de faisão e codorniz. O frango obtém melhores resultados em termos de tenrura, suculência e sabor.

Mohan *et al.* (1990) estudaram as codornizes japonesas às 6 e 8 semanas de idade e encontraram diferenças significativas entre os sexos no que respeita à tenrura, suculência, sabor e aceitabilidade global, favorecendo os machos. A carne à sexta semana de idade era significativamente mais tenra, ligeiramente mais suculenta, com melhor sabor e aceitabilidade global do que à oitava semana de idade. As médias de maciez, suculência, sabor e aceitabilidade geral foram 6,52, 6,17, 6,22 e 6,31 e 5,93, 5,6, 5,93 e 5,83 em machos e fêmeas com 6 semanas de idade e 5,95, 5,85, 5,98 e 5,93 e 5,73, 5,73, 5,83 e 5,76 em machos e fêmeas com 8 semanas de idade, respetivamente.

De acordo com Ayorinde (1993), a avaliação sensorial da carne de codorniz japonesa com 8 semanas de idade foi feita através de uma escala hedónica de 9 pontos e os resultados mostraram que não havia diferenças significativas na cor, suculência e aceitabilidade geral das amostras de carne dos dois sexos.

Omojola (2007) estudou as propriedades organolépticas de várias raças de carne de pato através de uma escala hedónica de 9 pontos e observou que a textura e a aceitabilidade global não eram afectadas pela raça e pelo sexo dos patos.

Akinwumi *et al.* (2013) referiram que, de entre as várias espécies de aves de capoeira, as codornizes foram as que obtiveram o melhor sabor, suculência e tenrura, com pontuações de 6,9, 6,4 e 6,10, respetivamente, seguidas de perto pelo frango comercial, enquanto os gansos obtiveram pontuações significativamente mais baixas.

Kokoszynski *et al.* (2013) relataram que a avaliação sensorial da carne cozinhada do peito de perdizes com 32 semanas de idade recebeu pontuações de 3,0 a 3,6 pontos numa escala hedónica de cinco pontos. Em comparação com as fêmeas, os músculos do peito dos machos tiveram pontuações mais elevadas em todas as propriedades sensoriais. Só foi encontrada uma diferença significativa entre machos e fêmeas para a maciez da carne.

CAPÍTULO 3

MATERIAIS E MÉTODOS

No Department of Livestock Products Technology (Meat Science), Veterinary College and Research Institute, Namakkal, foi efectuado um estudo sobre as características da carcaça, as características físico-químicas e as propriedades organolépticas da codorniz Namakkal - 1 (placa 1) de ambos os sexos em duas idades de abate diferentes (4 e 6 semanas).

3.1 Aves experimentais e conceção experimental

Um total de 48 aves utilizadas para o estudo foi adquirido no Poultry Farm Complex, Department of Poultry Science, Veterinary College and Research Institute, Namakkal. Entre as 48 aves, 24 foram abatidas às 4 semanas, incluindo 12 machos e 12 fêmeas, e as restantes 24 aves (12 machos e 12 fêmeas) foram abatidas às 6 semanas de idade.

3.2 Características da carcaça

Após a codorniz de Namakkal -1, as aves foram recolhidas no complexo avícola do Department of Poultry Science, Veterinary College and Research Institute, Namakkal, tendo as aves passado fome durante 4 horas e sido abatidas de acordo com o procedimento normalizado no Department of Livestock Products Technology (Meat Science), Veterinary College and Research Institute, Namakkal. As codornizes foram abatidas por decapitação. Após um período de sangria de 5 minutos, as penas foram retiradas manualmente juntamente com a pele e as carcaças foram evisceradas manualmente (placa 2). Foram registados o peso da carcaça vazia, o peso do fígado, do coração, da moela, das penas com pele e do intestino com conteúdo.

3.2.1 Percentagem de cobertura (por cento)

A percentagem de preparação foi calculada como a relação entre o peso da carcaça (g) e o peso antes do abate (g).

3.2.2 Rendimento de miudezas comestíveis e não comestíveis

O rendimento percentual das miudezas comestíveis foi calculado como a relação entre as miudezas comestíveis e o peso antes do abate. Da mesma forma, o rendimento percentual de miudezas não comestíveis foi calculado como a relação entre miudezas não comestíveis e o peso antes do abate.

33

3.2.3 Rendimento das partes cortadas

Os quartos da perna foram obtidos separando a coxa do dorso na articulação entre o fémur e o ílio e separando a tíbia e o jarrete na articulação do jarrete. As asas foram retiradas por corte da articulação da espádua na extremidade proximal do úmero. A parte inteira do peito foi obtida por corte através das costelas, separando assim o peito (placa 3).

O peso das partes cortadas, nomeadamente o pescoço, o peito, as asas, as pernas e o dorso, foi recolhido e embalado em sacos de polietileno herméticos e armazenado sob refrigeração (4±1 C) durante 24 horas e até à análise posterior.

3.3 Características físico-químicas da carne

3.3.1 pH

O pH das amostras de músculos da coxa foi determinado pelo método AOAC (1995) de forma breve. Cinco gramas de amostra de carne foram homogeneizados com 45 ml de água destilada durante um minuto. O pH da carne foi registado através da imersão do elétrodo de vidro combinado e da sonda de temperatura do medidor de pH digital (Modelo 361, Systronics, Índia) diretamente na suspensão de carne.

Prato 1: Codorniz de Namakkal- 1

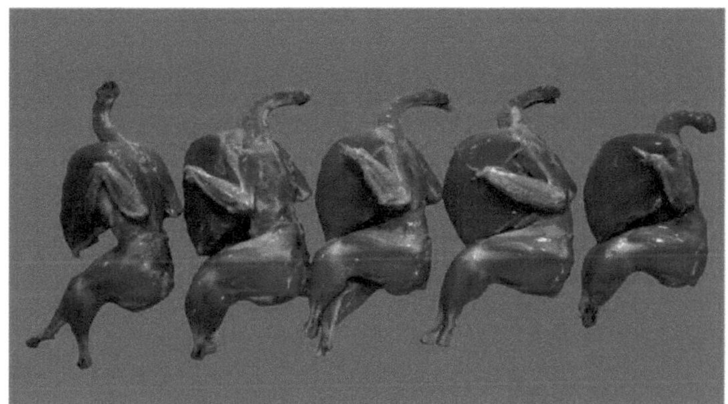

Prato 2: Codorniz de Namakkal - 1 carcaça

3.3.2 Capacidade de retenção de água (por cento)

A WHC do músculo *Pectoralis major* foi estimada através da medição da quantidade de água libertada da proteína muscular pela aplicação de força. Mede a capacidade da proteína muscular para reter água em excesso e sob a influência de uma força externa. A WHC dos músculos peitorais foi determinada com uma versão modificada do método descrito por Grau e Hamm (1953). Cerca de 300 mg de amostra de carne foram colocados num papel de filtro colocado entre duas lâminas de vidro. No topo da lâmina de vidro superior, foram colocados 100 g de peso durante 3 minutos. A água libertada da amostra de carne foi absorvida pelo papel de filtro e deixou uma impressão. Com um lápis afiado, o limite da impressão foi claramente demarcado. A área de duas impressões resultantes deixadas em cada metade do papel de filtro devido ao escorrimento de líquido pela aplicação de força (círculo exterior) e a área da carne (círculo interior) foram medidas utilizando um gráfico e a percentagem foi calculada utilizando a fórmula.

$$\text{Per cent WHC} = \frac{\text{Area of inner circle (area of meat)}}{\text{Area of outer circle (impression by oozing of fluid from meat)}} \times 100$$

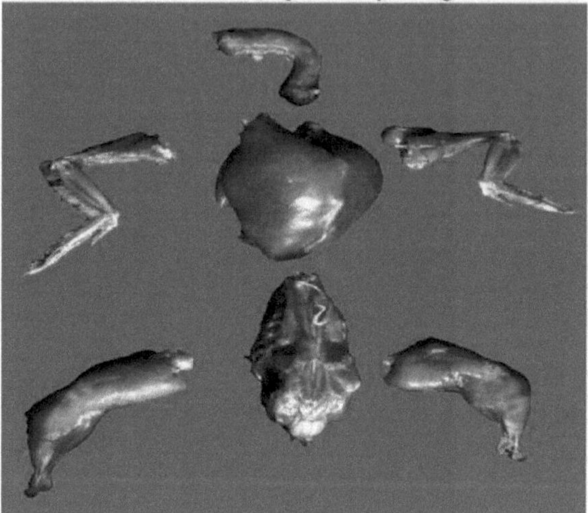

Prato 3: Codorniz de Namakkal-1, partes cortadas

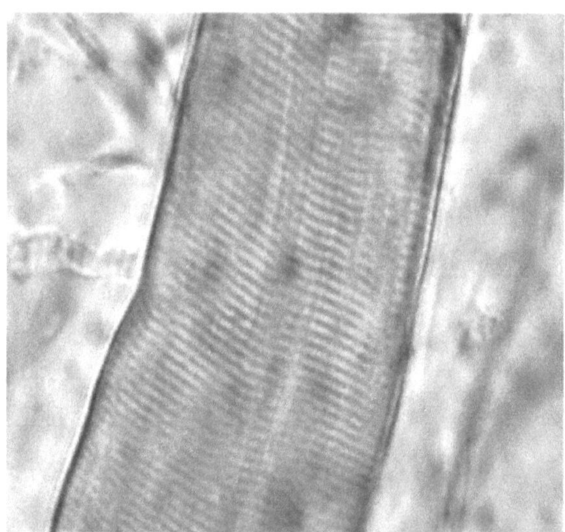

Placa 4: Miofibrilhas mostrando o sarcómero

3.3.2 Diâmetro da fibra (µm)

As dimensões médias da secção transversal da fibra muscular foram medidas para estimar o diâmetro da fibra. O diâmetro das fibras foi medido ao fim de 24 horas de armazenamento à temperatura de refrigeração, de acordo com o método recomendado por Jeremiah e Martin (1982). Cinco gramas de carne do peito *(Pectoralis superficialis)* foram cortados em pequenos cubos e homogeneizados durante dois períodos de 15 segundos a baixa velocidade, intercalados com um intervalo de repouso de cinco segundos numa solução contendo 0,25 M de sacarose e 1,0 mM de EDTA (ácido etileno di-amino tetra-acético) para produzir uma pasta. Uma ou mais gotas da suspensão foram transferidas para uma lâmina de microscópio e cobertas com uma lamela. A suspensão foi examinada diretamente num microscópio de luz equipado com um objeto baixo e uma ocular de 8x com um micrómetro calibrado. O diâmetro das fibras musculares foi medido como a distância média da secção transversal entre as superfícies exteriores do sarcolema de 20 fibras musculares seleccionadas aleatoriamente e expresso em micrómetros.

3.3.3 Comprimento do sarcómero (µm)

O comprimento dos sarcómeros foi medido de acordo com o método descrito por Cross *et al.* (1980), com algumas modificações. Cinco g de amostra de carne foram cortados em pequenos pedaços e

homogeneizado a baixa velocidade (aproximadamente 5000 rpm) em 30 ml de solução de sacarose refrigerada (0,25 M) num triturador misturador durante 60 segundos e adicionar uma gota de estirpe de eosina. Em seguida, uma gota do homogenato foi colocada numa lâmina de vidro e examinada num microscópio de contraste de fase (objetiva de 100x e ocular de 8x). O comprimento foi medido utilizando um micrómetro ocular com um fator calibrado. O comprimento do sarcómero (placa 4) de 25 miofibrilhas foi medido aleatoriamente e foi calculada a média.

3.3.4 Valor da força de corte (kg/cm2)

A força de cisalhamento é a medida da tenrura da carne cozinhada pela máquina de cortar carne Warner-Bratzler (G.R. electrical manufacturing company). Uma porção de músculo peitoral da carcaça foi congelada a -10°C para retirar um núcleo uniforme de 3/4 cm de diâmetro para estimar o valor da maciez. Os núcleos foram depois descongelados e cozinhados em óleo a 80°C durante dois minutos e, em seguida, arrefecidos imediatamente em gelo para impedir a continuação da cozedura. De cada amostra de músculo, foram obtidos dois núcleos e foram registadas três leituras em cada núcleo. A média destas leituras foi considerada como o SFV e a pressão exercida para cisalhar o núcleo foi expressa em Kg/cm^2 .

3.4 Composição proximal

A composição proximal da carne de codorniz foi determinada de acordo com os métodos recomendados pela AOAC. (1997). O teor de proteína bruta foi determinado pelo método Kjeldhal e o teor de gordura bruta foi determinado pelo método Soxhlet. O teor total de cinzas foi determinado por incineração das amostras durante a noite a 550°C. O teor de humidade foi determinado por secagem das amostras durante a noite a 105°C. O teor de hidratos de carbono foi calculado pelo método da diferença.

3.5 Estimativa de ácidos gordos

O perfil de ácidos gordos foi determinado de acordo com Folch *et al.*, (1957), utilizando vários passos.

3.5.1 Extração

Para a análise dos ácidos gordos, foram colhidos 4 gramas de amostra de carne e triturados num pilão e almofariz. Em seguida, a amostra foi homogeneizada com a adição de 10 a 20 ml de uma mistura de clorofórmio e metanol durante 1 a 2 minutos. Deixar repousar durante 6 a 8 horas. Filtrar através de papel de filtro Whattman n.º 42 e, em seguida, o papel de filtro foi lavado com 5 ml de solução de folch. Mediu-se o volume e adicionou-se 25 % de solução de cloreto de sódio a 0,88 %. Misturou-se e deixou-se em repouso durante a noite. No dia seguinte, a camada superior foi eliminada e a camada de clorofórmio foi recolhida.

3.5.2 Saponificação

O clorofórmio foi evaporado até à secura no vácuo a 45°c num evaporador rotativo e, em seguida, foram adicionados 30 ml de hidróxido de potássio alcoólico (10%) e deixados no escuro durante a noite. As amostras saponificadas continuaram sob refluxo durante cerca de uma hora. O conteúdo do balão foi cozinhado e transferido para uma ampola de decantação. Adicionaram-se 30 ml de água destilada e 50 ml de hexano, misturou-se bem e deixou-se separar as duas fases sem perturbações. Recolheu-se a fase inferior no balão e adicionou-se 15 ml de ácido clorídrico e 50 ml de hexano, misturou-se bem e verteu-se para a ampola de decantação. A camada superior (hexano) foi recolhida num balão separado. Repetir várias vezes e parar com 30 ml de água destilada e 50 ml de hexano. Finalmente, secou-se o hexano num evaporador rotativo.

3.5.3 Metilação

Adicionou-se 1 ml de metanol e 3 ml de mistura de cloreto de acetilo e metanol à camada de hexano seco. As tampas foram fechadas hermeticamente e aquecidas a 85°C a 90°C em banho-maria durante uma hora, depois os tubos foram arrefecidos e transferidos para tubos de centrifugação. Adicionaram-se 8 ml de cloreto de sódio a 0,88% e 3 ml de N-hexano e centrifugou-se a 2000 rpm durante 10 minutos. A camada superior de hexano foi recolhida e adicionou-se um pouco de sulfato de sódio para remover a humidade. Finalmente, filtrar através de um filtro de membrana de 0,22 pm.

3.5.4 Condições de cromatografia gasosa

Os ésteres metílicos de ácidos gordos foram analisados utilizando um cromatógrafo de gás com detetor de ionização de chama.

Coluna: Coluna capilar SP^{TM} - 2380, 30m x 0,25mm x 0,2pm de espessura de película.

Temperatura do forno: Manter a 160°C durante 3 minutos, subir 5°C por minuto até 220°C e manter a 220°C durante 7 minutos.

Temperatura do injetor: 230°C, temperatura do detetor: 220°C, caudal do gás de arrastamento azoto-4 a 5 ml/min, hidrogénio-30ml/min, ar zero-300ml/min, derrame: 50:1.

Os ácidos gordos foram identificados por comparação dos seus tempos de retenção com os de padrões conhecidos e os ácidos gordos foram expressos em percentagem.

3.6 Propriedades organolépticas

As propriedades organolépticas das amostras de carne do peito cozinhada foram avaliadas através de uma análise sensorial da cor, do sabor, da suculência, da tenrura e da aceitabilidade global por um painel sensorial semi-treinado constituído por cinco membros. As amostras de carne para avaliação sensorial foram codificadas e cozinhadas sob pressão a 10 psi durante 10 minutos. As amostras cozinhadas foram cortadas em pequenos cubos de aproximadamente 1,5 cm e servidas ao painel com uma escala hedónica de nove pontos (Cover et al., 1962), como indicado na folha de pontuação.

3.7 Análise estatística

Os dados gerados pelo estudo de abate foram agrupados e analisados estatisticamente de acordo com o procedimento de Snedecor e Cochran (1994), utilizando o pacote de software SPSS Statistics 15.0.

Classificação Hedónica de Nove Pontos Proforma
Departamento de Ciência e Tecnologia da Carne, VCRI, Namakkal Avaliação sensorial da carne de codorniz cozinhada de Namakkal

Name:
Designation: Date:

Attributes	9	8	7	6	5	4	3	2	1	A	B	C	D
Colour	Excellent	Good	Moderately good	Slightly good	Fair	Slightly poor	Moderately poor	Very poor	Extremely poor				
Flavour	Excellent	Good	Moderately good	Slightly good	Fair	Slightly poor	Moderately poor	Very poor	Extremely poor				
Juiciness	Excellent	Good	Moderately good	Slightly good	Fair	Slightly poor	Moderately poor	Very poor	Extremely poor				
Tenderness	Extremely tender	Very tender	Moderately tender	Slightly tender	Fairly tender	Slightly tough	Moderately tough	Very tough	Extremely tough				
Overall acceptability	Extremely Acceptable	Very acceptable	Moderately acceptable	Slightly acceptable	Fairly acceptable	Slightly unacceptable	Moderately unacceptable	Very unacceptable	Extremely unacceptable				

General comments and suggestions: Signature

A, B, C, D : Sample lables

CAPÍTULO 4

RESULTADOS

Foi efectuado um estudo para avaliar as características da carcaça e da qualidade da carne de codornizes Namakkal - 1 de 4 e 6 semanas, de ambos os sexos. As aves foram adquiridas no complexo de explorações avícolas do Veterinary College and Research Institute, em Namakkal. Foram deixadas à fome durante 4 horas antes do abate e foram abatidas e preparadas de forma higiénica no Department of Livestock Product Technology (Meat Science), Veterinary College and Research Institute, Namakkal. Os resultados do estudo sobre as características da carcaça, as características físico-químicas e as propriedades organolépticas da codorniz de Namakkal - 1 são analisados no presente capítulo.

4.1 Características da carcaça

4.1.1 Peso antes do abate (g)

A média global e a análise de variância do peso antes do abate das codornizes Namakkal - 1 de 4 e 6 semanas são apresentadas nos quadros 1,2,3 e 4.

O peso médio global antes do abate das codornizes Namakkal - 1 de 4 e 6 semanas (quadro 1) foi de 194,91±3,24 e 271,91±6,03 e os valores médios para os machos e fêmeas de 4 e 6 semanas (quadros 2 e 3) foram de 199,58±4,27, 190,25±4,66, 254,33±8,45 e 289,50±4,97, respetivamente.

A análise de variância revelou (Tabela 4) diferenças altamente significativas (P<0,01) entre aves de 4 e 6 semanas e também entre aves machos e fêmeas. O peso antes do abate foi mais elevado nas aves com 6 semanas e, entre as aves com 6 semanas, as fêmeas apresentaram um peso antes do abate mais elevado. À medida que a idade avança, o peso antes do abate aumenta tanto nos machos como nas fêmeas.

4.1.2 Peso da carcaça quente (g)

A média global e a análise de variância do peso da carcaça quente de 4 e 6 semana Namakkal Quail - 1são apresentadas nos quadros 1, 2, 3 e 4.

Os valores médios globais do peso da carcaça quente da codorniz de Namakkal -1 de 4 e 6 semanas (quadro 1) foram 121,75±2,34 e 170,50±4,13, respetivamente. Os valores médios do peso da carcaça quente (quadro 2) foram 123,66±2,76 e 119,83±3,81 para as aves machos e fêmeas com 4 semanas, 159,75±5,58 e 181,25±4,38 para as aves machos e fêmeas com 6 semanas (quadro 3), respetivamente.

Quadro 1
Características médias (± E.S.) da carcaça de codornizes de Namakkal de 4 e 6 semanas de idade - 1

Parameters	4th week	6th week
Pre slaughter weight (g)	194.91 y ±3.24	271.91 x ±6.03
Hot carcass weight (g)	121.75 y ±2.34	170.50 x ±4.13
Dressing percentage	62.48±0.68	62.68±0.50
Yield of edible offal (per cent)	6.94 x ±0.16	5.82 y ±0.16
Yield of inedible offal(per cent)	18.97±0.46	18.22±0.48

Means bearing different superscripts differ significantly (P≤0.05).

Quadro 2
Características médias (± E.S.) da carcaça de codornizes de Namakkal- 1 com 4 semanas de idade, com diferenças entre sexos

Parameters	Male	Female
Pre slaughter weight (g)	199.58 ±4.27	190.25 ±4.66
Hot carcass weight (g)	123.66 ±2.76	119.83 ±3.81
Dressing percentage	61.97±0.71	62.98±1.19
Yield of edible offal (per cent)	7.08 a ±0.27	6.81 b ±0.19
Yield of inedible offal(per cent)	18.78±0.72	19.15±0.61

Means bearing different superscripts differ significantly (P≤0.05).

Quadro 3
Características médias (± E.S.) da carcaça de codornizes de Namakkal-1 com 6 semanas de idade, com diferenças entre sexos

Parameters	Male	Female
Pre slaughter weight (g)	254.33 b ±8.45	289.50 a ±4.97
Hot carcass weight (g)	159.75 b ±5.58	181.25 a ±4.38
Dressing percentage	62.82±0.63	62.55±0.79
Yield of edible offal (per cent)	5.84 ±0.26	5.79 ±0.20
Yield of inedible offal(per cent)	18.57±0.64	17.87±0.72

Means bearing different superscripts differ significantly (P≤0.05).

Quadro 4

ANOVA: Características da carcaça de codornizes de Namakkal de 4 e 6 semanas de idade - 1

Parameters	Between Groups		Error		F- Value	P-Value
	df	MSS	df	MSS		
Between age						
Preslaughter weight (g)	1	71148.0	46	563.819	126.18**	0.000
Hot carcass weight (g)	1	28518.75	46	270.750	105.32**	0.000
Dressing percentage (g)	1	0.519	46	8.672	0.060 NS	0.808
Yield of edible offal (per cent)	1	15.278	46	0.659	23.17**	0.000
Yield of inedible offal (per cent)	1	6.616	46	5.404	1.22 NS	0.274
Between sex in 4th week						
Preslaughter weight (g)	1	522.667	22	240.326	2.175 NS	0.154
Hot carcass weight (g)	1	88.167	22	133.470	0.661 NS	0.425
Dressing percentage (g)	1	6.080	22	11.558	0.526 NS	0.476
Yield of edible offal (per cent)	1	0.468	22	0.673	0.694**	0.000
Yield of inedible offal (per cent)	1	0.833	22	5.476	0.032 NS	0.860
Between sex in 6th week						
Preslaughter weight (g)	1	7420.167	22	577.530	12.848**	0.002
Hot carcass weight (g)	1	2773.500	22	302.568	9.167**	0.006
Dressing percentage (g)	1	0.429	22	6.278	0.068 NS	0.796
Yield of edible offal (per cent)	1	0.016	22	0.683	0.023 NS	0.882
Yield of inedible offal (per cent)	1	2.961	22	5.651	0.524 NS	0.477

** - Highly significant (P $\leq$ 0.01)
NS - Not Significant

A análise de variância mostrou (Quadro 4) que existe uma diferença altamente significativa (P<0,01) entre as aves com 4 e 6 semanas de idade. As aves com 6 semanas apresentam um peso de carcaça quente mais elevado e, entre os sexos, as fêmeas com 6 semanas apresentam um peso de carcaça quente mais elevado do que os machos com 6 semanas. À medida que a idade aumenta, o peso da carcaça quente também aumenta.

4.1.3 Percentagem de penso

A média global e a análise de variância da percentagem de cobertura da codorniz de Namakkal - 1 ave durante 4 e 6 semanas são apresentadas nos quadros 1, 2, 3 e 4.

Os valores médios gerais para a percentagem de preparação das aves de 4 e 6 semanas (Quadro 1) foram 62,48±0,68 e 62,68±0,50 e os valores médios para a percentagem de preparação às 4 e 6 semanas das aves machos e fêmeas (Quadros 2 e 3) foram 61,97±0,71, 62,98±1,19, 62,82±0,63 e 62,55±0,79, respetivamente.

A análise de variância revelou (Quadro 4) que o sexo e a idade não tiveram um efeito significativo (P>0,05) na percentagem de preparação das aves Namakkal Quail - 1.

4.1.4 Rendimento de miudezas comestíveis (em percentagem)

A média global e a análise de variância do rendimento das miudezas comestíveis são apresentadas nos quadros 1, 2, 3, 4, 5, 6, 7 e 8.

O valor médio global do rendimento percentual total de miudezas comestíveis para 4 e 6 semanas de codorniz Namakkal - 1 (quadro 1) foi de 6,94±0,16 e 5,82±0,16 e os valores médios para machos e fêmeas (quadros 2 e 3) foram de 7,08±0,27, 6,81±0,19 e 5,84±0,26, 5,79±0,20 para 4 e 6 semanas, respetivamente. As miudezas comestíveis das codornizes incluem o coração, o fígado e a moela. Os valores médios globais destas miudezas comestíveis individuais (quadro 5) foram 0,85±0,05 e 0,92±0,05, 2,02±0,10 e 2,11±0,09, 4,07±0,11 e 2,78±0,08 para as aves de 4 e 6 semanas, respetivamente.

O valor médio do coração, fígado e moela de machos e fêmeas de 4 semanas (Tabela 6 e 7) foi de 0,84±0,07 e 0,86±0,06, 2,25±0,14 e 1,79±0,11, 3,98±0,16 e 4,16±0,16 e para 6 semanas foi de 0,93±0,08 e 0,91±0,07, 2,09±0,14 e 2,14±0,12, 2,82±0,12 e 2,74±0,12, respetivamente.

Quadro 5

Rendimento médio (± E.S.) em percentagem de miudezas comestíveis e não comestíveis de codornizes de Namakkal com 4 e 6 semanas de idade - 1

Parameters	4th week	6th week
Heart	0.85±0.05	0.92±0.05
Liver	2.02±0.10	2.11±0.09
Gizzard	4.07[x] ±0.11	2.78[y] ±0.08
Blood	1.15[x] ±0.06	0.94[y] ±0.04
Head	4.40[x] ±0.09	4.04[y] ±0.11
Feet	2.40[x] ±0.13	2.07[y] ±0.05
Feather with skin	4.02[y] ±0.16	5.02[x] ±0.20
Intestine with content	6.97±0.29	6.13±0.34

Means bearing different superscripts differ significantly ($P \leq 0.05$).

Quadro 6

Rendimento médio (± E.S.) em percentagem de miudezas comestíveis e não comestíveis de codornizes de Namakkal de 4 semanas de idade com diferenças entre sexos

Parameters	Male	Female
Heart	0.84±0.07	0.86±0.06
Liver	2.25 ±0.14	1.79 ±0.11
Gizzard	3.98[b] ±0.16	4.16[a] ±0.16
Blood	1.02[b] ±0.06	1.28[a] ±0.09
Head	4.50 ±0.13	4.29 ±0.14
Feet	2.22 ±0.12	2.59 ±0.23
Feather with skin	3.96 ±0.19	4.08 ±0.28
Intestine with content	7.05±0.53	6.90±0.27

Means bearing different superscripts differ significantly ($P \leq 0.05$).

Quadro 7

Rendimento médio (± E.S.) em percentagem de miudezas comestíveis e não comestíveis de codornizes de Namakkal de 6 semanas de idade com diferenças entre sexos

Parameters	Male	Female
Heart	0.93±0.08	0.91±0.07
Liver	2.09 ±0.14	2.14 ±0.12
Gizzard	2.82 ±0.12	2.74 ±0.12
Blood	1.00 ±0.06	0.89 ±0.05
Head	4.42[a] ±0.13	3.67[b] ±0.09
Feet	2.24[a] ±0.07	1.90[b] ±0.06
Feather with skin	5.22[a] ±0.30	4.82[b] ±0.28
Intestine with content	5.68±0.38	6.57±0.56

Means bearing different superscripts differ significantly (P≤0.05).

Quadro 8

ANOVA: Rendimento de miudezas comestíveis e não comestíveis de codornizes de Namakkal de 4 e 6 semanas de idade - 1

Parameters	Between Groups		Error		F- Value	P-Value
	df	MSS	df	MSS		
Between age						
Heart	1	0.060	46	0.068	0.89[NS]	0.350
Liver	1	0.106	46	0.240	0.44[NS]	0.508
Gizzard	1	20.098	46	0.244	82.52**	0.000
Blood	1	0.527	46	0.070	7.51**	0.009
Head	1	1.488	46	0.270	5.50*	0.023
Feet	1	1.343	46	0.255	5.26*	0.026
Feather with skin	1	12.030	46	0.862	13.96**	0.001
Intestine with content	1	8.611	46	2.503	3.44[NS]	0.070
Between sex in 4th week						
Heart	1	0.002	22	0.063	0.03[NS]	0.860
Liver	1	1.321	22	0.212	6.21[NS]	0.021
Gizzard	1	0.541	22	0.020	26.78**	0.000
Blood	1	0.142	22	0.028	5.16**	0.004
Head	1	0.265	22	0.237	1.11[NS]	0.303
Feet	1	0.803	22	0.411	1.95[NS]	0.176
Feather with skin	1	0.081	22	0.711	0.11[NS]	0.740
Intestine with content	1	0.146	22	2.182	0.06[NS]	0.798
Between sex in 6th week						
Heart	1	0.002	22	0.078	0.02[NS]	0.885
Liver	1	0.012	22	0.228	0.05[NS]	0.823
Gizzard	1	0.038	22	0.176	0.21[NS]	0.649
Blood	1	0.069	22	0.045	1.53[NS]	0.228
Head	1	3.338	22	0.164	20.40**	0.000
Feet	1	0.694	22	0.055	12.65**	0.002
Feather with skin	1	0.202	22	0.044	4.59**	0.007
Intestine with content	1	4.699	22	2.831	1.66[NS]	0.211

** - Highly significant $(P \le 0.01)$. * - significant $(P \le 0.05)$, NS - Not Significant

A análise de variância mostrou (Quadro 8) que, à exceção do rendimento do coração e do fígado, o rendimento da moela foi altamente significativo (P<0,01) entre o sexo e a idade das aves. Entre as idades, o rendimento da moela foi mais elevado nas aves de 4 semanas e, entre os sexos, o rendimento da moela foi mais elevado nas aves fêmeas de 4 semanas do que nas aves machos de 4

47

semanas. O rendimento percentual total global de miudezas comestíveis também foi significativamente (P<0,01) afetado pela idade e pelo sexo das aves. Entre as idades, a percentagem global de produção de miudezas comestíveis foi mais elevada nas aves com 4 semanas. Entre os sexos, com 4 semanas, os machos apresentaram maior percentagem de rendimento de miudezas comestíveis do que as fêmeas com 4 semanas.

4.1.5 Rendimento de miudezas não comestíveis (em percentagem)

Os valores médios e a análise de variância para o rendimento de miudezas não comestíveis são apresentados nos quadros 1, 2, 3, 4, 5, 6, 7 e 8.

Os valores médios do rendimento total de miudezas não comestíveis (quadros 2 e 3) foram 18,78±0,72, 19,15±0,61, 18,57±0,64 e 17,87±0,72, respetivamente, para machos e fêmeas de aves com 4 e 6 semanas. A média geral para as aves com 4 e 6 semanas (quadro 1) foi de 18,97±0,46 e 18,22±0,48, respetivamente.

As miudezas não comestíveis incluem sangue, penas com pele, cabeça, patas e intestino com conteúdo. Os valores médios globais para estas miudezas não comestíveis (Quadro 5) foram 1,15±0,06, 0,94±0,04 para a produção de sangue, 4,40±0,09, 4,04±0,11 para a produção de cabeça, 2,40±0,13, 2,07±0,05 para a produção de patas, 4,02±0,16, 5,02±0,20 para a produção de penas com pele e 6,97±0,29, 6,13±0,34 para a produção de intestino com conteúdo para aves de 4 e 6 semanas, respetivamente.

O valor médio de sangue, cabeça, pés, penas com pele e intestino com conteúdo de machos e fêmeas (Tabela 6 e 7) de 4 semanas foram 1,02±0,06 e 1,28±0,09, 4,50±0,13 e 4,29±0,14, 2,22±0,12 e 2,59±0,23, 3,96±0,19 e 4,08±0.28 e 7,05±0,53 e 6,90±0,27, respetivamente, e para 6 semanas, os machos e as fêmeas foram, 1,00±0,06 e 0,89±0,05, 4,42±0,13 e 3,67±0,09, 2,24±0,07 e 1,90±0,06, 5,22±0,03 e 4,82±0,28 e 5,68±0,38 e 6,57±0,56, respetivamente.

A análise de variância mostrou (Quadro 8) que, à exceção do conteúdo do intestino, as outras miudezas não comestíveis apresentaram diferenças significativas (P<0,01) em função do sexo e da idade das aves. Entre as idades, o rendimento em sangue, cabeça e patas foi mais elevado nas aves com 4 semanas, enquanto o rendimento em penas e pele foi mais elevado nas aves com 6 semanas. Entre os sexos, a produção de sangue foi elevada nas aves fêmeas de 4 semanas e a produção de cabeça, patas e penas com pele foi elevada nas aves machos de 6 semanas. Mas, no total, o rendimento percentual de miudezas não comestíveis não foi significativamente (P>0,05) afetado pelo sexo e pela idade das aves.

Quadro 9

Rendimento médio (± E.S.) em percentagem das partes cortadas de codornizes de Namakkal com 4 e 6 semanas de idade - 1

Parameters	4th week	6th week
Neck (per cent)	2.55±0.16	2.51±0.09
Wing (per cent)	5.50^x ±0.18	4.22^y ±0.17
Back (per cent)	10.41±0.51	10.46±0.48
Leg (per cent)	16.55±0.48	15.86±0.48
Breast (per cent)	27.10±0.64	28.54±0.62

Means bearing different superscripts differ significantly (P≤0.05).

Quadro 10

Rendimento médio (± E.S.) em percentagem de partes cortadas de codornizes-ibirds de Namakkal com 4 semanas de idade, com diferenças entre sexos

Parameters	Male	Female
Neck (per cent)	2.42±0.18	2.68±0.28
Wing (per cent)	5.53^a ±0.28	5.47^b±0.24
Back (per cent)	10.30±0.72	10.53±0.77
Leg (per cent)	16.60±0.73	16.50±0.67
Breast (per cent)	26.55±0.81	27.65±1.01

Means bearing different superscripts differ significantly (P≤0.05).

Quadro 11

Rendimento médio (± E.S.) em percentagem de partes cortadas de codornizes-ibirds de Namakkal com 6 semanas de idade, com diferenças entre sexos

Parameters	Male	Female
Neck (per cent)	2.48±0.13	2.53±0.13
Wing (per cent)	4.54 ±0.32	3.91±0.07
Back (per cent)	10.50±0.70	10.43±0.68
Leg (per cent)	16.22±0.90	15.50±0.38
Breast (per cent)	28.65±1.16	28.43±0.53

Means bearing different superscripts differ significantly (P≤0.05).

49

Quadro 12
ANOVA: Rendimento das partes cortadas de codornizes de
Namakkal de 4 e 6 semanas de idade - 1

Parameters	Between Groups		Error		F- Value	P-Value
	df	MSS	df	MSS		
Between age						
Neck	1	0.022	46	0.446	0.050[NS]	0.825
Wing	1	19.469	46	0.779	25.001**	0.000
Back	1	0.028	46	5.978	0.005 [NS]	0.946
Leg	1	5.782	46	5.680	1.018 [NS]	0.318
Breast	1	24.898	46	9.783	2.545[NS]	0.117
Between sex in 4th week						
Neck	1	0.393	22	0.699	0.56[NS]	0.461
Wing	1	0.306	22	0.042	8.95**	0.000
Back	1	0.331	22	6.677	0.05 [NS]	0.826
Leg	1	0.057	22	5.960	0.01 [NS]	0.923
Breast	1	7.249	22	10.169	0.71 [NS]	0.408
Between sex in 6th week						
Neck	1	0.015	22	0.214	0.070 [NS]	0.794
Wing	1	2.375	22	0.648	3.666 [NS]	0.069
Back	1	0.029	22	5.807	0.005 [NS]	0.944
Leg	1	3.132	22	5.771	0.543 [NS]	0.469
Breast	1	0.282	22	9.944	0.028 [NS]	0.868

NS - Not Significant
** - Highly significant (P ≤ 0.01)

4.1.6 Rendimento das partes cortadas (em percentagem)

A média global e a análise de variância para o rendimento das partes cortadas são apresentadas nos quadros 9, 10, 11 e 12.

As partes cortadas da codorniz incluem o pescoço, as asas, o dorso, o peito e a perna. A média geral das partes cortadas da codorniz Namakkal - 1 de 4 e 6 semanas (quadro 9) foi de 2,55±0,16, 2,51±0,09 para o rendimento do pescoço, 5,50±0,18, 4,22±0,17 para o rendimento da asa, 10,41±0,51, 10,46±0,48 para o rendimento do dorso, 16,55±0,48, 15,86±0,48 para o rendimento da perna e

50

27,10±0,64, 28,54±0,62 para o rendimento do peito, respetivamente.

O valor médio do rendimento do pescoço, asa, dorso, peito e perna para aves machos e fêmeas com 4 semanas (Tabela 10 e 11) foi de 2,42±0,18 e 2,68±0,28, 5,53±0,28 e 5,47±0,24, 10,30±0,72 e 10,53±0,77, 26,55±0,81 e 27,65±1.01, 16,60±0,73 e 16,50±0,67 e para aves machos e fêmeas de 6 semanas foram, 2,48±0,13 e 2,53±0,13, 4,54±0,32 e 3,91±0,07, 10,50±0,70 e 10,43±0,68, 28,65±1,16 e 28,43±0,53, 16,22±0,90 e 15,50±0,38, respetivamente.

A análise de variância mostrou (Quadro 12) que, com exceção do rendimento das asas, o rendimento do dorso, da perna, do pescoço e do peito não foi significativamente (P>0,05) afetado pela idade e pelo sexo das aves. O rendimento da asa foi maior nas aves de 4 semanas e nos machos de 4 semanas.

4.2 Características físico-químicas da carne

Os valores médios e a análise de variância das propriedades físico-químicas da carne de codorniz Namakkal - 1 com 4 e 6 semanas de idade são apresentados nos quadros 13, 14, 15 e 16.

4.2.1 pH

Os valores médios globais do pH das aves de 4 e 6 semanas (quadro 13) foram de 6,05±0,03 e 5,98±0,02, respetivamente, e o pH médio dos machos e das fêmeas (quadros 14 e 15) foi de 5,98±0,06 e 6,12±0,02 para as aves de 4 semanas e de 6,00±0,02 e 5,96±0,03 para as aves de 6 semanas da codorniz Namakkal - 1, respetivamente.

A análise de variância mostrou (Tabela 16) que a idade das aves não teve efeito significativo (P>0,05) sobre o pH, mas o sexo da ave teve efeito significativo (P<0,05) sobre o pH da carne. As aves fêmeas de 4 semanas apresentaram um pH mais elevado do que as aves machos de 4 semanas.

Quadro 13
Características físico-químicas médias (±) E.S. da carne de codornizes de Namakkal com 4 e 6 semanas de idade - 1

Parameters	4th week	6th week
pH	6.05±0.03	5.98±0.02
Water holding capacity (per cent)	55.56±1.42	58.93±1.53
Fibre diameter (µm)	36.87 [y] ±0.97	45.13 [x] ±0.91
Sarcomere length (µm)	1.13 [y] ±0.55	1.35 [x] ±0.80
Shear force value (kg/cm²)	1.35 [y] ±0.06	1.77 [x] ±0.08

Means bearing different superscripts differ significantly (P≤0.05).

Quadro 14
Características físico-químicas médias (±) e médias (E.S.) da carne de codornizes-ibirds de Namakkal com 4 semanas de idade, com diferenças entre os sexos

Parameters	Male	Female
pH	5.98[b] ±0.06	6.12[a] ±0.02
Water holding capacity (per cent)	54.70±2.08	56.43±2.01
Fibre diameter (μm)	39.40 ±1.10	34.34 ±1.27
Sarcomere length (μm)	1.14 ±0.61	1.12 ±0.96
Shear force value (kg/cm^2)	1.35 ±0.09	1.34 ±0.10

Means bearing different superscripts differ significantly (P≤0.05).

Quadro 15
Características físico-químicas médias (±) e médias (E.S.) da carne de codornizes de Namakkal de 6 semanas de idade, com diferenças entre os sexos

Parameters	Male	Female
pH	6.00±0.02	5.96±0.03
Water holding capacity (per cent)	60.53±2.16	57.32±2.17
Fibre diameter (μm)	45.02[b] ±1.45	45.24[a] ±1.18
Sarcomere length (μm)	1.21[b] ±0.84	1.40[a] ±0.76
Shear force value (kg/cm^2)	1.90[a] ±0.08	1.65[b] ±0.14

Means bearing different superscripts differ significantly (P≤0.05).

Quadro 16
ANOVA: Características físico-químicas da carne de codorniz Namakkal-1
de 4 e 6 semanas de idade

Parameters	Between Groups		Error		F- Value	P-Value
	df	MSS	Df	MSS		
Between age						
pH	1	0.057	46	0.023	2.45[NS]	0.124
Water holding capacity	1	135.711	46	52.823	2.56[NS]	0.116
Fibre diameter	1	818.401	46	21.555	37.96**	0.000
Sarcomere length	1	0.480	46	0.025	19.13**	0.000
Shear force value	1	2.189	46	0.140	15.59**	0.000
Between sex in 4th week						
pH	1	0.061	22	0.022	2.84*	0.048
Water holding capacity	1	18.009	22	50.443	0.35[NS]	0.556
Fibre diameter	1	153.268	22	17.048	8.99[NS]	0.007
Sarcomere length	1	0.001	22	0.022	0.06[NS]	0.807
Shear force value	1	0.001	22	0.114	0.008[NS]	0.948
Between sex in 6th week						
pH	1	0.011	22	0.012	0.90[NS]	0.352
Water holding capacity	1	61.568	22	56.389	1.09[NS]	0.307
Fibre diameter	1	356.690	22	19.044	16.02**	0.000
Sarcomere length	1	0.370	22	0.014	27.36**	0.000
Shear force value	1	0.965	22	0.138	9.23**	0.001

* - Significant (P ≤ 0.05)
** - Highly significant (P ≤ 0.01)
NS - Not Significant

4.2.2 Capacidade de retenção de água (por cento)

A média geral do WHC das codornizes de Namakkal de 4 e 6 semanas (quadro 13) foi de 55,56±1,42 e 58,93±1,53, respetivamente. Os valores médios de WHC para machos e fêmeas (quadros 14 e 15) foram 54,70±2,08 e 56,43±2,01 para aves de 4 semanas e 60,53±2,16 e 57,32±2,17 para aves de 6 semanas, respetivamente.

A análise de variância revelou (Quadro 16) que o sexo e a idade não tiveram efeito significativo (P>0,05) na WHC da carne.

53

4.2.3 Diâmetro da fibra (pm)

Os diâmetros médios globais das fibras das aves de 4 e 6 semanas da codorniz Namakkal - 1 (quadro 13) foram de 36,87±0,97 e 45,13±0,91, respetivamente. Os diâmetros médios das fibras dos machos e das fêmeas (quadros 14 e 15) foram de 39,40±1,10 e 34,34±1,27 para as aves com 4 semanas e de 45,02±1,45 e 45,24±1,18 para as aves com 6 semanas, respetivamente.

A análise de variância mostrou (Quadro 16) que o sexo e a idade das aves tiveram um efeito altamente significativo (P<0,01) no diâmetro das fibras. Entre as idades, as aves com 6 semanas apresentaram um diâmetro de fibra mais elevado e, entre os sexos, as fêmeas das aves com 6 semanas apresentaram um diâmetro de fibra mais elevado. Isto mostra que, à medida que a idade aumenta, o diâmetro da fibra também aumenta.

4.2.4 Comprimento do sarcómero (pm)

Os valores médios globais do comprimento dos sarcómeros (quadro 13) foram de 1,13±0,55 e 1,35±0,80 para as aves de 4 e 6 semanas, respetivamente. Os valores médios do comprimento dos sarcómeros (quadros 14 e 15) foram de 1,14±0,61, 1,12±0,96, 1,21±0,84 e 1,40±0,76 para os machos e as fêmeas das aves com 4 e 6 semanas, respetivamente.

A análise de variância mostrou (Quadro 16) que o comprimento dos sarcómeros foi significativamente (P<0,05) afetado pelo sexo e pela idade das aves. O comprimento do sarcómero foi mais elevado nas aves com 6 semanas. Entre os sexos, o comprimento do sarcómero foi superior nas fêmeas das aves com 6 semanas. Isto também mostra que, à medida que a idade avança, o comprimento dos sarcómeros também aumenta.

Quadro 17

Composição proximal média (± E.S.) das codornizes de Namakkal de 4 e 6 semanas de idade - 1.

Parameters	4th week	6th week
Moisture	70.74±0.46	71.36±0.29
Crude protein	23.39^x ±0.34	21.37^y ±0.26
Ether extract	3.86^x ±0.12	4.73^y ±0.26
Total ash	1.54^x ±0.05	1.24^y ±0.07
Gross energy	1708.41±22.60	1709.91±24.53

Means bearing different superscripts differ significantly (P≤0.05).

Quadro 18

Composição proximal média (± E.S.) de codornizes de Namakkal- 1 com 4 semanas de idade, com diferenças entre os sexos.

Parameters	Male	Female
Moisture	71.15±0.72	70.33±0.59
Crude protein	23.38[b] ±0.53	23.39[a] ±0.47
Ether extract	3.75±0.13	3.97±0.20
Total ash	1.56±0.08	1.52±0.07
Gross energy	1689.00±34.38	1727.83±30.26

Means bearing different superscripts differ significantly (P≤0.05).

Quadro 19

Composição proximal média (± E.S.) de codornizes de Namakkal- 1 com 6 semanas de idade, com diferenças entre os sexos.

Parameters	Male	Female
Moisture	71.28±0.51	71.43±0.35
Crude protein	21.47±0.45	21.67±0.30
Ether extract	4.85±0.20	4.62±0.52
Total ash	1.43[a] ±0.06	1.04[b] ±0.06
Gross energy	1709.83±31.08	1710.00±41.02

Means bearing different superscripts differ significantly (P≤0.05).

55

Tabela 20
ANOVA: Composição proximal da codorniz Namakkal de 4 e 6 semanas de idade - 1

Parameters	Between Groups		Error		F- Value	P-Value
	df	MSS	df	MSS		
Between age						
Moisture	1	2.26	22	1.82	1.24[NS]	0.270
Crude protein	1	19.85	22	1.11	17.87**	0.000
Ether extract	1	4.585	22	0.524	8.75**	0.007
Total ash	1	0.549	22	0.049	11.24**	0.003
Gross energy	1	13.50	22	6679.265	0.002[NS]	0.965
Between sex in 4th week						
Moisture	1	2.009	10	2.638	0.76[NS]	0.403
Crude protein	1	6.65	10	1.216	5.47**	0.007
Ether extract	1	0.147	10	0.181	0.81[NS]	0.388
Total ash	1	0.004	10	0.037	0.10[NS]	0.758
Gross energy	1	4524.083	10	6293.483	0.71[NS]	0.416
Between sex in 6th week						
Moisture	1	0.065	10	1.171	0.05[NS]	0.819
Crude protein	1	0.110	10	0.906	0.12[NS]	0.735
Ether extract	1	0.159	10	0.941	0.16[NS]	0.690
Total ash	1	0.449	10	0.026	17.54**	0.002
Gross energy	1	0.083	10	7948.483	0.00[NS]	0.997

** - Highly significant ($P \leq 0.01$)
NS - Not Significant

4.2.5 Valor da força de corte (kg/cm^2)

O VFS médio geral (quadro 13) foi de 1,35±0,06 e 1,77±0,08 para a carne de aves de 4 e 6 semanas. O VFS médio (quadros 14 e 15) foi de 1,35±0,09 e 1,34±0,10, 1,90±0,08 e 1,65±0,14 para os machos e as fêmeas de carne de codorniz Namakkal - 1 com 4 e 6 semanas.

A análise de variância mostrou (Quadro 16) que a idade e o sexo das aves tiveram um efeito altamente significativo (P<0,01) no valor do VFS. Entre as idades, a carne das aves com 6 semanas apresentou um VFS mais elevado quando comparada com a carne das aves com 4 semanas e, entre os

56

sexos, os machos com 6 semanas apresentaram um VFS mais elevado. À medida que a idade aumenta, o VFS também aumenta.

4.3 Composição proximal (em percentagem)

Os valores médios globais e a análise de variância para a composição proximal da codorniz Namakkal- 1 de 4 e 6 semanas são apresentados nos quadros 17, 18, 19 e 20.

A composição proximal inclui a humidade, a proteína bruta, o extrato etéreo, as cinzas totais e a energia bruta. O valor médio global da composição proximal das aves de 4 e 6 semanas (Quadro 17) foi de 70,74±0,46 e 71,36±0,29 para a humidade, 23,39±0,34 e 21,37±0,26 para a proteína bruta, 3,86±0,12 e 4,73±0,26 para o extrato etéreo, 1,54±0,05 e 1,24±0,07 para as cinzas totais e 1708,41±22,60 e 1709,91±24,53 para a energia bruta, respetivamente.

O valor médio da composição proximal de aves machos e fêmeas de 4 semanas (Tabela 18) foi de 71,15±0,72 e 70,33±0,59 para humidade, 23,38±0,53 e 23,39±0,47 para proteína bruta, 3,75±0,13 e 3,97±0,20 para extrato etéreo, 1,56±0,08 e 1,52±0,07 para cinzas totais e 1689,00±34,38 e 1727,83±30,26 para energia bruta, respetivamente.

Para machos e fêmeas de 6 semanas, os valores médios da composição proximal (Tabela 19) foram 71,28±0,51 e 71,43±0,35 para humidade, 21,47±0,45 e 21,67±0,30 para proteína bruta, 4,85±0,20 e 4,62±0,52 para extrato etéreo, 1,43±0,06 e 1,04±0,06 para cinzas totais e 1709,83±31,08 e 1710,00±41,02 para energia bruta, respetivamente.

A análise de variância mostrou (Tabela 20) que a humidade e a energia bruta não tiveram efeito significativo (P>0,05) na idade e no sexo das aves. Entre as idades, a proteína bruta, o extrato etéreo e as cinzas totais tiveram uma diferença significativa mais elevada (P<0,01). A proteína bruta e as cinzas totais foram mais elevadas nas aves de 4 semanas, enquanto o extrato etéreo foi mais elevado nas aves de 6 semanas.

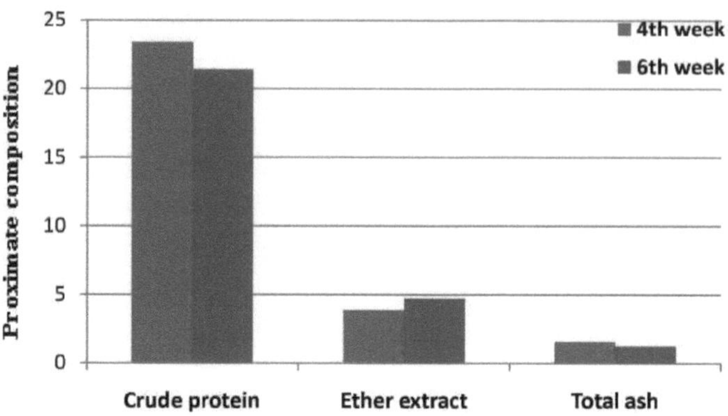

Fig. 1. Influência da idade na composição proximal da codorniz de Namakkal- 1

Fig. 2. Influência do sexo na composição proximal de codornizes de Namakkal com 4 semanas de idade - 1.

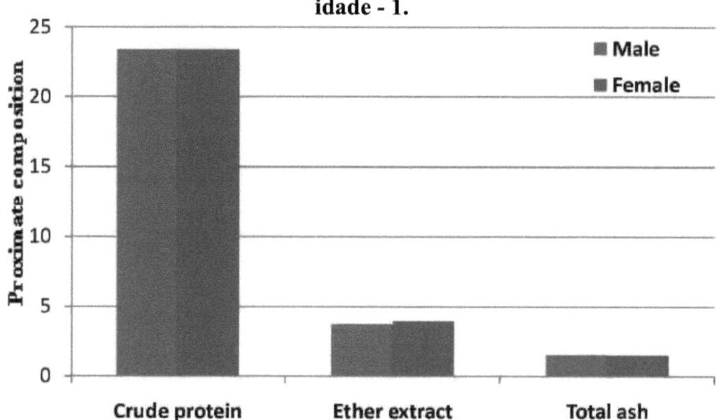

Fig. 2. Influência do sexo na composição proximal de codornizes de Namakkal com 4 semanas de idade - 1.

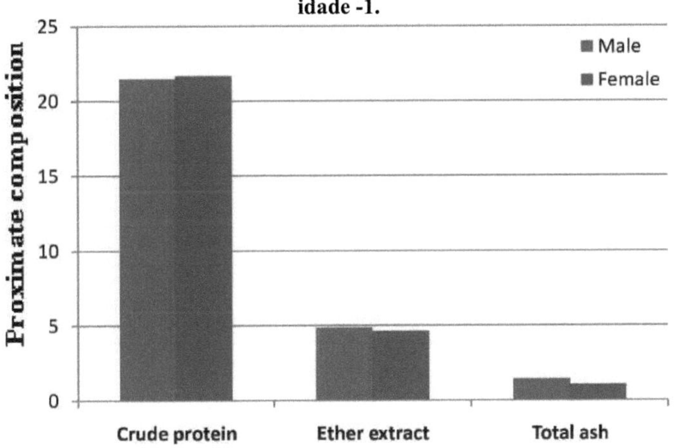

Quadro 21

Perfil médio (± E.S.) de ácidos gordos de codornizes de Namakkal com 4 e 6 semanas de idade - 1

Parameters	4th week	6th week
Myristic acid (per cent)	0.65±0.77	0.58±0.42
Palmitic acid (per cent)	21.33±0.05	20.57±0.08
Stearic acid (per cent)	7.07±0.05	6.83±0.07
Oleic acid (per cent)	33.56±0.31	35.35±0.21
Linoleic acid (per cent)	27.30[x] ±0.03	22.99[y] ±0.01
Linolenic acid (per cent)	0.94[y] ±0.07	1.20[x] ±0.08
Arachidic acid (per cent)	0.23±0.60	0.20±0.64
Behenic acid (per cent)	3.07±0.63	3.68±0.73
Ecosapentaenoic acid (per cent)	0.38±0.51	0.42±0.38
Docosahexaenoic acid (per cent)	0.35[y] ±0.56	0.68[x]±0.31
Palmitoleic acid (per cent)	4.63[y] ±0.06	6.83[x] ±0.03
Saturated fatty acids (per cent)	32.36±1.00	31.88±0.57
Monounsaturated Fatty Acids(per cent)	38.20[y] ±0.95	79.95[x] ±0.59
Polyunsaturated fatty Acids(per cent)	28.99[x] ±0.56	25.29[y] ±0.66
Omega-3 Fatty Acids(per cent)	1.68[y] ±0.15	2.30[x] ±0.19

Means bearing different superscripts differ significantly (P≤0.05).

Quadro 22

Perfil médio (± S.E.) de ácidos gordos de codornizes de Namakkal- 1 com 4 semanas de idade, com diferenças entre os sexos.

Parameters	Male	Female
Myristic acid (per cent)	0.64± 0.08	0.67±0.11
Palmitic acid (per cent)	21.45±0.93	21.21±0.71
Stearic acid (per cent)	7.69±0.87	6.45±0.49
Oleic acid (per cent)	32.06[b] ±0.65	35.05[a]±0.68
Linoleic acid (per cent)	27.18[b] ±0.50	27.42[a] ±1.15
Linolenic acid (per cent)	0.98 ±0.12	0.90±0.11
Arachidic acid (per cent)	0.26±0.07	0.20±0.01
Behenic acid (per cent)	3.58±0.35	2.56±0.45
Ecosapentaenoic acid (per cent)	0.45±0.16	0.32±0.04
Docosahexaenoic acid (per cent)	0.39±0.08	0.31±0.07
Palmitoleic acid (per cent)	4.80±1.26	4.46±1.00
Saturated fatty acids (per cent)	33.63±1.70	31.10±0.94
Monounsaturated Fatty Acids(per cent)	36.87±1.61	39.52±0.86
Polyunsaturated fatty Acids(per cent)	29.01[a] ±0.47	28.96[b] ±1.09
Omega-3 Fatty Acids(per cent)	1.83 ±0.25	1.54 ±0.19

Means bearing different superscripts differ significantly (P≤0.05).

Quadro 23

Perfil médio (± S.E.) de ácidos gordos de codornizes de Namakkal com 6 semanas de idade, mostrando diferenças entre sexos.

Parameters	Male	Female
Myristic acid (per cent)	0.53±0.04	0.6±0.05
Palmitic acid (per cent)	20.55±0.47	20.60±0.44
Stearic acid (per cent)	7.48±0.37	6.19±0.58
Oleic acid (per cent)	36.03[a] ±0.63	34.67[b]±1.33
Linoleic acid (per cent)	22.48 ±0.94	23.47±0.93
Linolenic acid (per cent)	1.04[b] ±0.07	1.30[a] ±0.11
Arachidic acid (per cent)	0.19±0.01	0.20±0.02
Behenic acid (per cent)	3.48±0.18	3.88±0.39
Ecosapentaenoic acid (per cent)	0.46±0.13	0.37±0.05
Docosahexaenoic acid (per cent)	0.61[b] ±0.09	0.74[a] ±0.13
Palmitoleic acid (per cent)	6.45±0.61	7.21±0.60
Saturated fatty acids (per cent)	32.25±0.90	31.51±0.76
Monounsaturated Fatty Acids(per cent)	78.41[a] ±0.73	77.49[b] ±0.96
Polyunsaturated fatty Acids(per cent)	24.61±0.80	25.97±1.06
Omega-3 Fatty Acids(per cent)	2.12[b] ±0.29	2.48[a] ±0.26

Means bearing different superscripts differ significantly (P≤0.05).

Quadro 24a
ANOVA: Composição em ácidos gordos da codorniz de Namakkal de 4 e 6 semanas de idade - 1

Parameters	Between Groups		Error		F- Value	P-Value
	df	MSS	df	MSS		
Between age						
Myristic acid	1	0.032	22	0.036	0.89NS	0.354
Palmitic acid	1	3.458	22	2.468	1.40NS	0.249
Stearic acid	1	0.331	22	2.463	0.13NS	0.717
Oleic acid	1	19.296	22	5.666	3.40NS	0.078
Linoleic acid	1	111.543	22	4.723	23.61**	0.000
Linolenic acid	1	0.393	22	0.078	5.06*	0.035
Arachidic acid	1	0.005	22	0.010	0.52 NS	0.478
Behenic acid	1	2.251	22	0.874	2.57 NS	0.123
Ecosapentaenoic acid	1	0.007	22	0.051	0.13 NS	0.720
Docosahexaenoic acid	1	0.627	22	0.058	10.76**	0.003
Palmitoleic acid	1	28.908	22	4.667	6.19*	0.021
Saturated fatty acids	1	1.41	22	8.049	0.175 NS	0.670
Monounsaturated fatty acids	1	9483.95	22	7.660	1236.64**	0.000
Polyunsaturated fatty acids	1	82.10	22	4.619	17.77**	0.000
Omega-3 fatty acids	1	2.25	22	3.830	5.87**	0.024

**- Highly significant (P ≤ 0.01),   * - Significant (P ≤ 0.05),   NS- Not Significant

Quadro 24b
ANOVA: Composição em ácidos gordos de aves
de 4 e 6 semanas de idade da codorniz Namakkal-1 com diferenças entre os sexos.

Parameters	Between Groups		Error		F- Value	P-Value
	df	MSS	df	MSS		
Between sex in 4th week						
Myristic acid	1	0.003	10	0.059	0.04 NS	0.835
Palmitic acid	1	4.143	10	0.168	0.04 NS	0.844
Stearic acid	1	4.663	10	3.017	1.54 NS	0.242
Oleic acid	1	26.880	10	2.673	10.05**	0.010
Linoleic acid	1	38.247	10	5.035	7.59**	0.001
Linolenic acid	1	0.021	10	0.082	0.25 NS	0.625
Arachidic acid	1	0.011	10	0.019	0.60 NS	0.454
Behenic acid	1	3.101	10	1.007	3.08 NS	0.110
Ecosapentaenoic acid	1	0.048	10	0.038	1.26 NS	0.287
Docosahexaenoic acid	1	0.018	10	0.038	0.48 NS	0.503
Palmitoleic acid	1	0.347	10	7.815	0.04 NS	0.837
Saturated fatty acids	1	19.228	10	11.401	1.68 NS	0.223
Monounsaturated fatty acids	1	21.121	10	10.050	2.10 NS	0.178
Polyunsaturated fatty acids	1	29.210	10	4.803	6.08**	0.004
Omega-3 fatty acids	1	0.249	10	0.310	0.80 NS	0.391
Between sex in 6th week						
Myristic acid	1	0.030	10	0.017	1.80 NS	0.209
Palmitic acid	1	0.008	10	1.269	0.00 NS	0.938
Stearic acid	1	4.992	10	1.436	3.47 NS	0.092
Oleic acid	1	17.233	10	4.612	3.73*	0.018
Linoleic acid	1	3.020	10	5.266	0.57 NS	0.466
Linolenic acid	1	0.239	10	0.069	3.46*	0.036
Arachidic acid	1	0.000	10	0.003	0.14 NS	0.712
Behenic acid	1	0.460	10	0.561	0.82 NS	0.386
Ecosapentaenoic acid	1	0.028	10	0.066	0.42 NS	0.528
Docosahexaenoic acid	1	0.233	10	0.060	3.86*	0.015
Palmitoleic acid	1	1.763	10	2.241	0.78 NS	0.396
Saturated fatty acids	1	1.621	10	4.222	0.38 NS	0.549
Monounsaturated fatty acids	1	3169.20	10	7.253	436.97**	0.000
Polyunsaturated fatty acids	1	5.549	10	5.322	1.04 NS	0.331
Omega-3 fatty acids	1	0.382	10	0.471	0.81 NS	0.389

**- Highly significant (P ≤ 0.01),   * - Significant (P ≤ 0.05),   NS- Not Significant

Entre os sexos, a proteína bruta e as cinzas totais apresentaram diferenças significativas (P<0,01). A proteína bruta foi mais elevada nas aves fêmeas de 4 semanas, enquanto as cinzas totais foram mais elevadas nas aves machos de 6 semanas. Isto mostra que o crescimento das aves teve efeito na composição proximal da carne.

63

4.4 Perfil de ácidos gordos (por cento)

A média global e a análise de variância do perfil de ácidos gordos da codorniz Namakkal- 1 de 4 e 6 semanas são apresentadas nos quadros 21, 22, 23, 24a e 24b.

A média global dos ácidos gordos das aves com 4 e 6 semanas (quadro 21) foi de 0,65±0,77 e 0,58±0,42 para o ácido mirístico, 21,33±0,05 e 20,57±0,08 para o ácido palmítico, 7,07±0,05 e 6,83±0,07 para o ácido esteárico, 33,56±0,31 e 35,35±0,21 para o ácido oleico, 27,30±0,03 e 22,99±0,01 para o ácido linoleico, 0,94±0.07 e 1,20±0,08 para o ácido linolénico, 0,23±0,60 e 0,20±0,64 para o ácido araquídico, 3,07±0,63 e 3,68±0,73 para o ácido beénico, 0,38±0,51 e 0,42±0.38 para o ácido ecosapentaenóico (EPA) , 0,35±0,56 e 0,68±0,31 para o ácido docosahexaenóico (DHA) e 4,63±0,06 e 6,83±0,03 para o ácido palmitoleico, respetivamente.

A análise de variância mostrou (Tabela 24a e 24b) que o ácido linolénico e o ácido palmitoleico apresentaram diferenças significativas (P<0,05) entre as idades das aves. O ácido linoleico e o DHA apresentaram diferenças altamente significativas (P<0,01) entre as idades das aves. O ácido linoleico foi elevado nas aves de 4 semanas, enquanto o DHA, o ácido palmitoleico e o ácido linolénico foram elevados nas aves de 6 semanas.

O ácido linolénico, o ácido oleico e o DHA apresentaram uma diferença significativa (P<0,05), enquanto o ácido linoleico apresentou uma diferença altamente significativa (P<0,01) entre os sexos das aves. Os valores médios do ácido linoleico e do ácido oleico foram elevados nas aves fêmeas de 4 semanas (27,42±1,15 e 35,03±0,68). O valor médio do ácido oleico (36,03±0,63) foi elevado nas aves machos com 6 semanas, enquanto o ácido linolénico e o DHA foram mais elevados (1,30±0,11 e 0,74±0,13) nas aves fêmeas com 6 semanas.

A média geral de AGS, AGMI, AGPI e ácidos gordos ómega 3 para aves de codorniz Namakkal-1 de 4 e 6 semanas (quadro 20) foi de 32,36±1,00 e 31,88±0,57, 38,20±0,95 e 79,95±0,59, 28,99±0,56 e 25,29±0,66, 1,68±0,15 e 2,30±0,19, respetivamente. A análise de variância mostrou que o sexo e a idade das aves tiveram um efeito altamente significativo (P<0,01) nos AGMI e AGPI. Mas no ácido gordo ómega-3, a idade das aves teve um efeito altamente significativo (P<0,01). Os AGMI e os ácidos gordos ómega 3 foram mais elevados nas aves com 6 semanas, enquanto os AGPI foram mais elevados nas aves com 4 semanas. Entre os sexos, os AGPI foram mais elevados nas aves machos com 4 semanas, enquanto os AGMI foram mais elevados nas aves machos com 6 semanas. Isto mostra que, à medida que a idade avança, a percentagem de ácidos gordos insaturados aumenta.

Fig. 4. Influência da idade na proporção de ácidos gordos da codorniz de Namakkal -1.

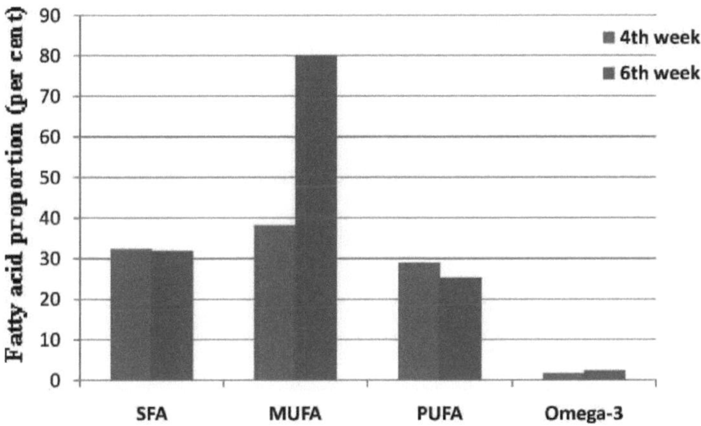

Fig. 5. Influência do sexo na proporção de ácidos gordos de codornizes de Namakkal com 4 semanas de idade -1.

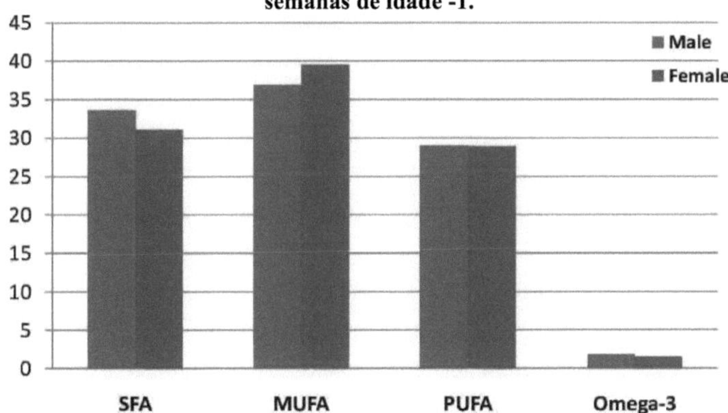

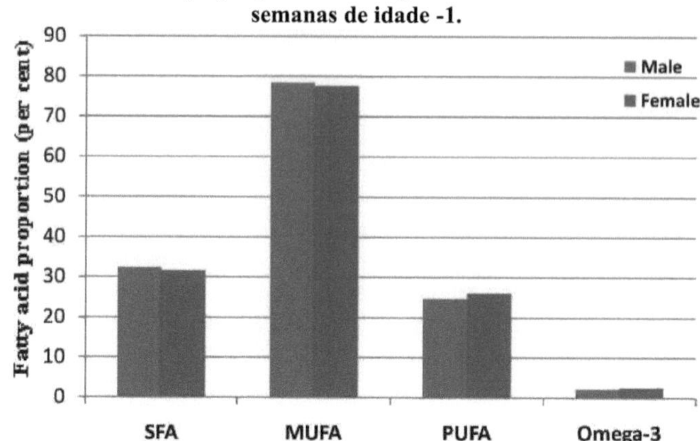

4.5 Propriedades organolépticas

A média global e a análise de variância das propriedades organolépticas da codorniz Namakkal-1 de 4 e 6 semanas são apresentadas nos quadros 25, 26, 27 e 28.

4.5.1 Cor

Os valores médios globais da cor da carne das aves de 4 e 6 semanas (quadro 25) foram de 7,60±0,06 e 7,67±0,07, respetivamente. Os valores médios da cor para machos e fêmeas com 4 semanas (quadros 26 e 27) foram 7,58±0,09 e 7,63±0,09 e para machos e fêmeas com 6 semanas foram 7,66±0,11 e 7,68±0,09, respetivamente. A análise de variância mostrou (Quadro 28) que o sexo e a idade das aves não afectaram significativamente (P>0,05) a cor da carne.

4.5.2 Aroma

Os valores médios globais para o sabor da carne das aves Namakkal Quail-1 com 4 e 6 semanas de idade (quadro 25) foram 7,54±0,11 e 7,60±0,09, respetivamente. Os valores médios para os machos com 4 e 6 semanas de idade (quadros 26 e 27) foram 7,65±0,13 e 7,58±0,08 e para as fêmeas, 7,43±0,17 e 7,63±0,18, respetivamente. A análise de variância mostrou (Tabela 28) que o sexo e a idade das aves não tiveram efeito significativo (P>0,05) no sabor da carne.

4.5.3 Sumo

O valor médio geral da suculência da carne das aves Namakkal Quail-1 com 4 e 6 semanas de idade (quadro 25) foi de 7,75±0,08 e 7,48±0,11, respetivamente. Os valores médios da suculência da carne (quadros 26 e 27) foram de 7,78±0,11 e 7,73±0,13 para machos e fêmeas com 4 semanas e de 7,43±0,13 e 7,53±0,20 para machos e fêmeas com 6 semanas, respetivamente. A análise de variância mostrou (Quadro 28) que a suculência da carne não foi significativamente (P>0,05) afetada pela idade e pelo sexo das aves.

4.5.4 Ternura

Os valores médios globais para a tenrura da carne das aves Namakkal Quail-1 de 4 e 6 semanas (quadro 25) foram 7,57±0,09 e 7,58±0,14, respetivamente. Os valores médios da maciez das aves machos e fêmeas de 4 e 6 semanas de idade (quadros 26 e 27) foram 7,61±0,14, 7,53±0,12, 7,68±0,27 e 7,48±0,13, respetivamente. A análise de variância mostrou (Tabela 28) que a idade e o sexo das aves não tiveram efeito significativo (P>0,05) na maciez da carne.

Quadro 25

Propriedades organolépticas médias (± E.S.) de codornizes de Namakkal com 4 e 6 semanas de idade - 1

Parameters	4th week	6th week
Colour	7.60±0.06	7.67±0.07
Flavour	7.54±0.11	7.60±0.09
Juiciness	7.75±0.08	7.48±0.11
Tenderness	7.57±0.09	7.58±0.14
Overall acceptability	7.69±0.06	7.72±0.07

Quadro 26

Propriedade organoléptica média (± E.S.) de aves Namakkal Quail-1 com 4 semanas de idade, mostrando a diferença de sexo.

Parameters	Male	Female
Colour	7.58±0.09	7.63±0.09
Flavour	7.65±0.13	7.43±0.17
Juiciness	7.78±0.11	7.73±0.13
Tenderness	7.61±0.14	7.53±0.12
Overall acceptability	7.65±0.10	7.73±0.08

Tabela 27

Propriedades organolépticas médias (± E.S.) de codornizes de Namakkal- 1 com 6 semanas de idade, com diferenças entre os sexos.

Parameters	Male	Female
Colour	7.66±0.11	7.68±0.09
Flavour	7.58±0.08	7.63±0.18
Juiciness	7.43±0.13	7.53±0.20
Tenderness	7.68±0.27	7.48±0.13
Overall acceptability	7.66±0.10	7.78±0.10

Quadro 28

ANOVA: Propriedades organolépticas de codornizes de Namakkal com 4 e 6 semanas de idade - 1

Parameters	Between Groups		Error		F- Value	P-Value
	df	MSS	df	MSS		
Between age						
Colour	1	0.027	22	0.055	0.484[NS]	0.494
Flavour	1	0.027	22	0.130	0.205 [NS]	0.655
Juiciness	1	0.454	22	0.128	3.558 [NS]	0.073
Tenderness	1	0.000	22	0.182	0.002 [NS]	0.962
Overall acceptability	1	0.007	22	0.059	0.114[NS]	0.739
Between sex in 4th week						
Colour	1	0.008	10	0.052	0.144 [NS]	0.712
Flavour	1	0.141	10	0.149	0.946 [NS]	0.354
Juiciness	1	0.007	10	0.094	0.080 [NS]	0.784
Tenderness	1	0.021	10	0.110	0.189 [NS]	0.673
Overall acceptability	1	0.021	10	0.055	0.380 [NS]	0.551
Between sex in 6th week						
Colour	1	0.001	10	0.068	0.012[NS]	0.914
Flavour	1	0.008	10	0.122	0.061 [NS]	0.809
Juiciness	1	0.030	10	0.183	0.164 [NS]	0.694
Tenderness	1	0.120	10	0.276	0.435 [NS]	0.524
Overall acceptability	1	0.041	10	0.068	0.599 [NS]	0.457

NS- Not Significant

4.5.5 Aceitabilidade global

O valor médio global da aceitabilidade global da carne das aves com 4 e 6 semanas de idade (quadro 25) foi de 7,69±0,06 e 7,72±0,07, respetivamente. Os valores médios da aceitabilidade global para machos e fêmeas (quadros 26 e 27) foram de 7,65±0,10, 7,73±0,08, 7,66±0,10 e 7,78±0,10 para 4 e 6 semanas, respetivamente. A análise de variância mostrou (Quadro 28) que a aceitabilidade global não foi significativamente (P>0,05) afetada pela idade e pelo sexo das aves.

medida que a idade avança, a carne de codorniz Namakkal- 1 de aves com 4 e 6 semanas não apresenta diferenças nas propriedades organolépticas.

CAPÍTULO 5

DISCUSSÃO

A codorniz Namakkal-1 é uma estirpe desenvolvida por cruzamento quádruplo de codornizes japonesas pela TamilNadu Veterinary and Animal Sciences University, Chennai, Índia, para fins de produção de carne. O presente estudo foi realizado para determinar a qualidade da carne da codorniz Namakkal-1 em diferentes idades (aves de 4 e 6 semanas) e os resultados deste estudo são discutidos no presente capítulo.

5.1 Características da carcaça

5.1.1 Peso antes do abate

A análise de variância do peso antes do abate das codornizes Namakkal-1 com 4 e 6 semanas de idade revelou uma diferença altamente significativa (P <0,01) entre a idade e o sexo das aves. O peso antes do abate das codornizes Namakkal-1 de 6 semanas foi superior ao das aves de 4 semanas. Entre os sexos, as aves fêmeas de 6 semanas apresentaram um peso antes do abate superior ao das aves machos de 6 semanas. O presente estudo mostrou que, à medida que a idade avançava, o peso antes do abate também aumentava. Este facto está de acordo com Ayorinde (1993), que referiu que, nas codornizes japonesas, o peso antes do abate das codornizes de 4 e 8 semanas era de 130,38 g e 175,0 g e que, à medida que a idade aumenta, o peso antes do abate aumenta. Uma tendência semelhante foi encontrada por Wilkanowska e Kokoszynski (2011), que referiram que, nas codornizes do faraó, à medida que a idade aumenta de 33 para 42 dias, o peso das aves também aumenta de 29,7 g para 35,6 g, respetivamente. Da mesma forma, foi observado um aumento do peso antes do abate em codornizes japonesas de 5 ,6,7 e 8 semanas por Singh et al., (1980), Yalcin *et al.,* (1995), Dhaliwal *et al.,* (2004) e Alkan *et al.,* (2013).

Entre os sexos, as aves fêmeas eram mais pesadas do que os machos no presente estudo. Este facto pode dever-se ao desenvolvimento dos órgãos reprodutores femininos e aos ovos incompletos (Gousi e Yannakopoulos, 1986, Saini *et al.* 2007). Resultados semelhantes foram encontrados por Ojedapo e Amao (2014) em codornas japonesas. O peso vivo foi maior nas aves fêmeas do que nos machos (129,43 e 112,50 g), mas Kokoszynski *et al.* (2013) relataram que, em perdizes cinzentas com 32 semanas, o macho apresenta maior peso pré-abate do que as fêmeas. O peso dos machos foi 1,9 g superior ao das fêmeas. Isso pode ser devido ao sistema de alimentação e o consumo de ração pelos machos foi maior do que o das fêmeas. No presente estudo, a diminuição do peso vivo dos machos pode dever-se ao desempenho das actividades sexuais dos machos, a alterações hormonais e também a

70

uma taxa metabólica mais elevada (Kul *et al.* 2006)

5.1.2 Peso da carcaça quente

A análise de variância do peso das carcaças quentes das aves de 4 e 6 semanas mostrou uma diferença altamente significativa (P<0,01) entre a idade e o sexo das aves. Entre as idades, as aves de 6 semanas apresentaram maior peso de carcaça quente do que as aves de 4 semanas e entre os sexos, as aves fêmeas registaram maior peso de carcaça quente do que as aves machos e estes resultados foram semelhantes aos de Caron *et al.* (1990) e Punyakumari (2007). Mas Tarhyela *et al.* (2012a) referiram que o sexo não tem um efeito significativo no rendimento da carcaça em codornizes japonesas com 0 a 52 semanas de idade. Do mesmo modo, em perdizes cinzentas com 32 semanas de idade, o sexo não teve um efeito significativo no rendimento de carcaça (Kokoszynski *et al.*, 2013).

5.1.3 Percentagem de penso

No presente estudo, a análise de variância da porcentagem de preparação de codornas Namakkal-1 de 4 e 6 semanas não mostrou diferença significativa (P> 0,05) entre a idade e o sexo das aves. Isso estava de acordo com Wilkanowska e Kokoszynski (2013), que relataram que, em perdizes cinzentas, o sexo não teve efeito significativo (P> 0,05) sobre a porcentagem de curativo em aves de 32 semanas de idade. A percentagem de preparação das aves machos e fêmeas foi de 72,4 por cento e 72,9 por cento, respetivamente. Esses resultados são contrários aos achados de Shashikumar *et al.* (2011), que relataram que, em codornas japonesas, as aves machos apresentaram maior porcentagem de preparação (62,84%) do que as fêmeas (62,2%). Isso pode ser devido ao menor desperdício de órgãos reprodutivos. Singh *et al.* (1980) referiram que tal se devia ao maior peso das penas e das miudezas das fêmeas a partir da sexta semana. Entre as idades, houve uma diferença altamente significativa (P<0,01) na porcentagem de preparação entre codornas japonesas de 5 e 8 semanas. Isso indica que, à medida que a idade avança, a porcentagem de preparação também aumenta (Alkan *et al.*, 2013). Gousi e Yanakopoulos (1986) também relataram que a porcentagem de curativo em codornas japonesas aumenta a partir de 5 semanas. A média geral da porcentagem de cobertura das codornas Namakkal-1 foi de 61,97 ± 1,19. Este resultado foi semelhante aos achados de Shashikumar *et al.* (2011).

A percentagem de preparação de frango (64,5 por cento), gansos (56,4 por cento), codornizes japonesas (72,2 por cento) foi relatada por Akinwumi *et al.* (2013). Omojola (2007) afirmou que a porcentagem de preparação para pato variou de 65,28-71,18 por cento. No presente estudo, a média geral da porcentagem de cobertura da codorna de Namakkal-1 variou entre 61,97% e 62,98%, que foi maior do que a dos gansos, mas menor do que a das codornas japonesas, galinhas e patos, conforme relatado por Akinwumi *et al.* (2013) e Omojola (2007)

5.1.4 Rendimento de miudezas comestíveis

No presente estudo, a análise de variância revelou que o rendimento percentual de miudezas comestíveis teve um efeito altamente significativo (P<0,01) na idade e no sexo das aves. As aves machos de 4 semanas tiveram maior rendimento de miudezas comestíveis. Pelo contrário, Daikwo *et al.* (2013) relataram que o sexo não afecta significativamente (P>0,05) o rendimento de miudezas comestíveis em codornizes japonesas com 6 semanas de idade. A média geral da percentagem de rendimento de miudezas comestíveis variou entre 5,82 ± 0,16 e 6,94 ± 0,16 neste estudo, o que é semelhante ao de Vadivukkarsi *et al.* (2007), que referiram que a percentagem de rendimento de miudezas comestíveis variou entre 5,2 e 6,7 por cento em codornizes japonesas de 5 semanas.

As miudezas comestíveis da codorniz Namakkal-1 incluem o coração, o fígado e a moela. A produção de miudezas individuais foi também significativamente (P<0,05) afetada pela idade e pelo sexo das aves. Entre os sexos, a percentagem de miudezas foi mais elevada nas fêmeas do que nos machos. Tendência semelhante foi observada em codornas japonesas de 5 e 7 semanas de idade (Alkan *et al.* 2013) e também em codornas japonesas de 4 e 6 semanas por Mohammed, 1990. As fêmeas tinham uma percentagem de moela mais elevada do que os machos (Alkan et *al.* 2013). Isto pode dever-se ao crescimento mais rápido das fêmeas imediatamente antes da postura do primeiro ovo (Caron *et al.,* 1990). Daikwo *et al.* (2013) também referiram que o peso da moela das fêmeas era ligeiramente superior ao dos machos nas codornizes japonesas. Esses resultados estão de acordo com o presente estudo, que relata que o rendimento da moela foi significativamente (P<0,05) maior nas aves fêmeas.

No presente estudo, entre as idades, a ave de 4 semanas apresentou maior rendimento de moela quando comparada com as aves de 6 semanas. Pelo contrário, Aksit *et al* (2003) e Genchev *et al.* (2008) relataram que não houve diferença significativa (P>0,05) para o rendimento do coração e da moela entre as codornas abatidas em diferentes idades. No entanto, no presente estudo, o rendimento do fígado e do coração não foi significativamente afetado pela idade das aves. Pelo contrário, Yalcin *et al.,* 1995, referiram que o rendimento percentual do fígado era afetado pela idade das aves e que, à medida que a idade aumentava, o rendimento do fígado diminuía. Este resultado estava de acordo com Caglayan e Sekar (2013), que referiram que a idade não afectava o rendimento do fígado, da moela, do coração e do baço das codornizes japonesas com 35 e 42 dias de idade. Mas Akram *et al.* (2013) referiram que, à medida que a idade avança, o rendimento do coração aumenta, o que pode dever-se ao aumento da circulação sanguínea para satisfazer as elevadas necessidades de oxigénio das aves em crescimento.

5.1.5 Rendimento de miudezas não comestíveis

No presente estudo, a análise de variância revelou que o rendimento global em percentagem de miudezas não comestíveis não foi significativamente (P>0,05) afetado pelo sexo e pela idade das aves. Entre as idades, o rendimento em sangue, cabeça e patas foi elevado nas aves de 4 semanas, enquanto o rendimento em penas e pele foi elevado nas aves de 6 semanas. Entre os sexos, a produção de sangue foi mais elevada nas fêmeas com 4 semanas. A produção de cabeça, pés e penas com pele foi maior nas aves machos de 6 semanas. Este resultado está de acordo com Banerjee (2010), que referiu que, nas codornizes japonesas, o rendimento das patas era elevado nas fêmeas, mas o rendimento do intestino era mais elevado nos machos. Treat e Goodwin (1973) referiram que, nos frangos de carne, à medida que a idade avança, o rendimento da cabeça e dos pés é mais elevado nos machos, ao passo que o rendimento do trato gastrointestinal é mais elevado nas fêmeas, o que pode dever-se ao facto de a cavidade corporal ser maior e ter proporcionalmente mais vísceras do que a dos machos. Esta constatação está em consonância com o resultado obtido por Omojola (2007) no pato, em que o rendimento dos pés e do pernil foi mais elevado nos machos do que nas fêmeas, enquanto o rendimento do trato gastrointestinal foi mais elevado nas fêmeas. Do mesmo modo, nas codornizes japonesas, a idade de abate e o sexo tiveram um efeito significativo na percentagem de rendimento do peso do intestino, que foi maior nas fêmeas. (Yalcin *et al.*, 1995). Pelo contrário, o presente estudo com codornizes de Namakkal -1 não revela diferenças significativas (P>0,05) no rendimento do intestino entre as idades e os sexos das aves. Choudhary e Mahadevan (1983) referiram que o volume de sangue diminuía com a idade. Entre os sexos, as diferenças no volume de sangue não eram aparentes até às 6 semanas de idade, mas as fêmeas apresentavam uma menor produção de sangue do que os machos, o que é semelhante aos resultados do presente estudo.

5.1.6 Rendimento das partes cortadas

No presente estudo, o rendimento das partes cortadas, exceto o rendimento das asas, o rendimento do dorso, da perna, do pescoço e do peito não foi significativamente (P>0,05) afetado pela idade e pelo sexo das aves e o rendimento das asas foi mais elevado nas aves machos de 4 semanas. Pelo contrário, entre as idades, à medida que a idade de abate aumenta, o rendimento das partes cortadas também aumenta. À medida que a idade aumenta, exceto o rendimento do peito, o rendimento percentual do pescoço e do dorso aumenta (Alkan *et al.*2013). Shashikumar *et al.(2011) referiram* que se verificou um aumento significativo da percentagem média de rendimento do peito com a idade e também referiram que se verificou um aumento do rendimento do dorso com o aumento da idade, o que estava de acordo com as conclusões de Singh *et al.*(1980). Pelo contrário, Vali *et al.* (2005) referiram que não se registaram diferenças significativas no rendimento das partes cortadas entre as diferentes idades de abate das codornizes japonesas.

À semelhança do presente estudo, Alkan *et al.* (2013) referiram que, à exceção do rendimento da asa, não foram encontradas diferenças significativas (P>0,05) entre os sexos em termos de rendimento da coxa, rendimento do pescoço e rendimento do dorso em codornizes japonesas de 5 semanas. O sexo não teve efeito significativo sobre os rendimentos da asa, do pescoço, do dorso e da perna, ao passo que a idade teve efeito significativo sobre o rendimento da coxa. A percentagem de rendimento da coxa foi mais elevada nas aves machos das codornizes japonesas. De acordo com Ozcelik *et al.* (1998), o rendimento do pescoço foi mais elevado nos machos do que nas fêmeas. O rendimento da asa não foi afetado pelo sexo (Gousi e Yannakopoulos, 1986) e as aves machos registaram um rendimento percentual do dorso mais elevado do que as fêmeas (Ahuja, 1992 e Shashikumar *et al,* 2011).

Akinwumi *et al.* (2013) afirmam que o corte primário de diferentes tipos de poedeiras usadas (galinhas, codornizes japonesas e gansos), expresso em percentagem do peso vivo, variava entre 6,40 e 11,46% para a asa, 12,14 e 22,37% para o peito, 6,26 e 8,50% para a vara, 5,04 e 10,2% para a coxa e 14,13 e 16,18% para o dorso. Observou-se que as codornizes japonesas apresentavam o valor mais elevado para o peito, a coxa e o dorso, ao passo que o valor mais elevado para a asa foi encontrado nos gansos. No presente estudo, o rendimento da asa variou entre 4,54 e 5,50%, o rendimento do peito entre 26,55 e 28,54%, o rendimento da perna entre 15,86 e 16,60% e o rendimento do dorso entre 10,30 e 10,50%, respetivamente. Comparando estes resultados, a codorniz Namakkal-1 tem o valor mais elevado para o rendimento do peito e da coxa. Isto mostra que a codorniz Namakkal-1 tem uma boa produção de carne numa idade precoce.

5.2 Características físico-químicas da carne

5.2.1 pH

Os valores de pH da carne são importantes para avaliar a qualidade da carne e dependem do teor de glicogénio no músculo. As reservas de glicogénio são altamente influenciadas pela atividade dos locomotores e pela presença de factores de stress no período anterior ao abate. No presente estudo, a análise de variância mostrou que a idade não teve efeito significativo (P>0,05), mas o sexo teve efeito significativo (P<0,05) no pH da carne. As aves fêmeas de 4 semanas apresentaram um pH mais elevado.

Este resultado está de acordo com Kokoszynski *et al.* (2013) em perdizes cinzentas com 33 dias de idade. Segundo este autor, o sexo não afectou o pH da carne, mas as fêmeas apresentam um pH mais elevado do que os machos. O valor mais elevado do pH foi associado ao baixo teor de glicogénio da carne no momento do abate, o que impediu uma acidificação suficiente da carne. À semelhança do presente estudo, Wilkanowska e Kokoszynski (2011) também referiram que a idade da codorniz também tinha afetado significativamente o pH dos músculos do peito e da perna. Contrariamente a este facto, Ikhlas *et al.* (2010) e Jamaludin *et al.* (2013) referiram que o pH das codornizes usadas era mais elevado do que o das codornizes jovens. O pH mais elevado deveu-se ao maior teor de mioglobina nos músculos, que aumenta à medida que a idade avança.

O pH dos músculos de codornizes japonesas com 35 dias de idade era de 5,7 a 5,9 após o abate (Edris *et al.*, 2014), 5,89 para a galinha (Jaturasitha *et al.*, 2008), 5,84 a 5,69 para o faisão (Franco e Larenzo, 2013) e 5,7 a 6,07 para o pombo (Edris *et al.*, 2014). Comparando com o presente estudo, o pH da codorniz de Namakkal varia entre 5,96 e 6,12, semelhante ao do pombo, mas superior ao da codorniz japonesa, da galinha e do faisão. Os valores mais elevados de pH podem dever-se a um desenvolvimento mais lento do rigor mortis. Demarchi *et al.* (2005) referiram que, na galinha da raça Padovana, o pH era mais elevado para as fêmeas do que para os machos, mas não havia diferenças significativas entre os sexos.

5.2.2 Capacidade de retenção de água

A capacidade de retenção de água é definida como a capacidade da carne para reter a sua água após a aplicação de forças externas (Hedrick *et al.*, 1994) e é um indicador primário do grau de suculência da carne. No presente estudo, o sexo e a idade não tiveram um efeito significativo (P>0,05) na WHC da carne. Este facto está de acordo com Omojola (2007), que referiu que, no pato, o sexo não tinha qualquer efeito na WHC da carne. Contrariamente a este facto, Genchev *et al.* (2010) referiram que as codornizes fêmeas tinham um WHC mais elevado do que os machos, o que pode ser devido ao pH mais elevado. De forma semelhante, na perdiz cinzenta, o WHC foi mais elevado nas fêmeas (Kokoszynski *et al.* 2013), mas nas codornizes japonesas, os machos apresentam um WHC mais elevado do que as fêmeas (Genchev *et al.*, 2008). Entre as idades, ao contrário do presente estudo, Wilkanowska e Kokoszynski (2011) referiram que a capacidade de retenção de água dos músculos do peito e das pernas era superior nas aves mais velhas, o que está de acordo com Kuzniacka *et al.* (2007).

A WHC em pato foi de 72,69 a 76,72 por cento (Omojola, 2007), 66,37 a 69,87 por cento para codornizes japonesas (Mehdipour *et al.*, 2013) 69,03 a 66,01 por cento para frango (Ionita *et al.*, 2011) 77,1 a 78,8 por cento para perdiz cinzenta (Kokoszynski *et al.* 2013) e para codornizes Namakkal foi de

54,70 a 60,53 por cento, que foi inferior à codorniz japonesa, frango e pato. A boa capacidade de retenção de água da carne garante excelentes propriedades tecnológicas da carne.

5.2.3 Diâmetro da fibra

No presente estudo, o diâmetro das fibras musculares da codorniz Namakkal-1 mostrou que o sexo e a idade das aves tiveram um efeito altamente significativo (P<0,01) no diâmetro das fibras. As aves de 6 semanas e as fêmeas apresentaram um diâmetro de fibras mais elevado. Em contraste com isso, Khoshoii *et al.* (2013) relataram que os machos têm maior diâmetro de fibra do que as fêmeas em frangos de corte comerciais. Uma tendência semelhante foi relatada por Jeremiah e Martin (1978) que, na carcaça de carne bovina, o diâmetro da fibra do músculo *Longissmus dorsi* foi maior no touro do que no boi e na novilha e também relatou que, à medida que o tempo de envelhecimento aumenta, o diâmetro diminui.

Entre as idades das aves, em concordância com o presente estudo, Shasikumar *et al.* (2008) referiram que, nas codornizes japonesas, à medida que a idade avança, o diâmetro das fibras musculares também aumenta. O diâmetro médio das fibras musculares variou entre 25,24 e 32,69 pm. Tendências semelhantes foram observadas por Tumova e Teimouri (2009), que referiram que, nas galinhas, à medida que a idade aumenta, o diâmetro das fibras também aumenta. Horak *et al.* (1989) observaram que, nos frangos, à medida que a idade aumenta, o volume muscular aumenta, o que resulta do aumento do diâmetro das fibras. Do mesmo modo, Aberle e Stewart (1983) referiram que o diâmetro das fibras era maior nos frangos de carne quando comparados com as poedeiras. O aumento do diâmetro das fibras está também associado ao aumento do número de fibras gigantes, que têm normalmente uma área de secção transversal três a cinco vezes superior à normal. Isto pode também resultar de vários ciclos de contração e relaxamento (Dransfield e Sosnicki, 1999). O diâmetro das fibras varia com a idade, o plano de nutrição e o grau de evolução pós-natal do peso corporal e o início do rigor mortis (Lawrie, 1979). Ao contrário dos músculos dos mamíferos, o início do rigor mortis nos músculos das aves começa alguns minutos após o abate e dura cerca de 1-2 horas. Durante as diferentes fases do rigor mortis, o diâmetro da fibra muscular diminui, devido ao encolhimento lateral das miofibrilas e à contração dos sarcómeros (Ribarski *et al.*, 2013).

O diâmetro das fibras das galinhas foi referido como sendo de 20 pm (Kumar *et al.*, 1976), 22 pm para as cabras (Kumar *et al.*, 1976), 40 a 80 pm para os suínos (Fiedler, 1985), 39,76 a 49,89 pm para os patos (Brahma *et al.*, 1984), 26 pm para os búfalos (Kumar *et al.*, 1976) e 55 a 67 pm para os bovinos (Joubert, 1971), respetivamente. Comparando os resultados acima referidos com a codorniz Namakkal-1, o diâmetro das fibras variou entre 34,34 e 45,14 pm, o que é inferior ao dos suínos e bovinos, mas superior ao das galinhas, cabras e búfalos e semelhante ao dos patos. Este facto mostra que os animais de crescimento mais rápido têm um diâmetro de fibra mais elevado do que os animais de crescimento lento (Rehfeldt *et al.*, 1999).

5.2.4 Comprimento do sarcómero

A análise de variância no presente estudo mostrou que o comprimento dos sarcómeros foi significativamente (P<0,05) afetado pelo sexo e pela idade das aves. O comprimento dos sarcómeros foi elevado nas aves com 6 semanas de idade e, especialmente, as fêmeas apresentaram valores mais elevados. Em concordância com isto, Jeremiah e Martin (1978) referiram que o sexo tinha influenciado significativamente o comprimento do sarcómero na carcaça de bovinos. As fêmeas apresentaram um comprimento de sarcómero mais elevado do que os machos e também referiram que o comprimento do sarcómero aumenta à medida que o tempo de envelhecimento aumenta. Este resultado é apoiado por Gillis e Henrickson (1976) na carcaça de bovino. Em concordância com este facto, Shasikumar *et al.* (2008) referiram que, nas codornizes japonesas, à medida que a idade aumenta, o comprimento dos sarcómeros também aumenta. O comprimento médio dos sarcómeros variou entre 1,12 e 1,57 pm. Em controvérsia com isto, a idade dos touros não teve efeito significativo no comprimento do sarcómero (Hayes *et al.* 2015). Outros factores que afectam o comprimento do sarcómero do músculo são o pH, a cor e o valor da força de cisalhamento da carne. O pH do músculo teve uma correlação positiva com o comprimento do sarcómero. Nos touros, à medida que o pH aumenta, o comprimento dos sarcómeros também aumenta e, por sua vez, influencia a qualidade da carne (Wheeler *et al.*, 2000). O valor da força de cisalhamento e o comprimento do sarcómero apresentam uma correlação negativa na carne do peito de pato e de frango. O encurtamento dos sarcómeros foi um dos principais factores que contribuíram para a dureza da carne e, se o comprimento dos sarcómeros fosse maior, o valor da força de cisalhamento seria menor (Dunn *et al.*, 2000 e Ali *et al.*, 2008).

O rigor post mortem e a força de cisalhamento influenciam o comprimento dos sarcómeros dos músculos do borrego. O valor da força de cisalhamento imediatamente após o abate endurece durante as primeiras 24 horas e depois torna-se tenro durante o armazenamento post mortem a 4 °C. O comprimento do sarcómero diminui (de 2,24 pm para 1,69 pm) à medida que o valor da força de cisalhamento aumenta, porque o valor da força de cisalhamento não aumenta durante o desenvolvimento do rigor, quando o músculo é impedido de encurtar (Koohmaraie *et al.*, 2002). O encurtamento do sarcómero durante o desenvolvimento do rigor é a causa do endurecimento da carne de borrego (Koohmaraie *et al.*, 1996). Nos bovinos, sarcómeros mais curtos indicam geralmente uma menor dureza da carne e também animais mais calmos durante o abate possuem sarcómeros mais longos e a carne é também tenra (Aberle e Stewart (1983).

De acordo com Guzek *et al.,* 2012, o comprimento do sarcómero da carne de pato variou entre 1,84 e 1,88 pm, 3,28 pm para a carne de porco, 2,51 pm para o javali e 1,23 pm para a codorniz japonesa, respetivamente. Na codorniz Namakkal-1, o comprimento dos sarcómeros varia entre 1,12 pm e 1,40 pm, sendo inferior ao de todas as outras carnes.

5.2.5 Valor da força de corte (SFV)

Os valores da força de cisalhamento são os factores importantes na previsão da tenrura da carne. No presente estudo, a análise de variância mostrou que a idade e o sexo das aves afectam significativamente (P<0,01) o valor da força de cisalhamento da carne. O valor da força de cisalhamento foi elevado nas aves de 6 semanas e, entre os sexos, foi elevado nas aves machos de 6 semanas. Esta diferença pode ser devida a vários factores, como a diferença na maturidade fisiológica das aves no momento da colheita, que pode resultar numa diferença na ligação cruzada do colagénio. Com o aumento da idade, a ligação cruzada do colagénio também aumenta e está também associada à dureza da carne (Fletcher, 2002). O aumento das ligações cruzadas do colagénio provoca o aumento do valor da força de cisalhamento e da tenacidade da carne (Shrimpton e Miller, 1960), a proteólise das proteínas miofibrilares tem sido frequentemente associada a uma melhoria da tenrura da carne (Lonergan *et al.,* 2001). Um valor mais elevado da força de cisalhamento pode ser devido à desossa da carne antes do início do rigor (encurtamento do rigor) (Cason *et al.,* 2002).

Poole *et al* (1999) estudaram a maciez do peito de frangos de corte abatidos com 5, 6, 7 e 8 semanas de idade e descobriram que o valor da força de cisalhamento aumenta com a idade, o que está de acordo com o presente estudo. À semelhança deste estudo, Sivakumar (2013) referiu que, nos caprinos, à medida que o peso de abate aumenta, o valor da força de cisalhamento também aumenta. Ao contrário deste estudo, Abdullah *et al.,* (2010) referiram que o valor da força de cisalhamento para as aves abatidas aos 32 dias era superior ao das aves abatidas aos 42 dias de idade e, de forma semelhante, Ngoka *et al.,* (1982) referiram que o valor da força de cisalhamento na carne do peito de peru diminui significativamente à medida que a idade aumenta de 16 para 20 semanas. Dawson *et al,* (1987) indicam que a idade não teve um efeito significativo no valor da força de cisalhamento do peito de frangos de corte abatidos aos 63 e 68 dias de idade, à semelhança do que não foi observada qualquer diferença significativa no VFS nos grupos etários de touros abatidos entre os 25 e os 27 meses (Guzek *et al.,* 2013).

No presente estudo, os machos apresentaram valores significativamente mais elevados de SFV do que as fêmeas, o que está de acordo com o estudo de Treat e Goodwin (1973), que referem que as aves machos apresentam valores de cisalhamento significativamente mais elevados (5,9 kg/cm^3) do que as fêmeas (5,2 kg/cm^3). O valor mais baixo nas fêmeas pode dever-se à diferença de "acabamento". O valor mais elevado pode dever-se a uma maior perda de gordura e humidade por parte dos machos durante a cozedura. De forma semelhante, na carne de vaca, Hanzelkova *et al.* (2011) relataram que o sexo dos animais era um fator significativo na maciez da carne de vaca. A carne de touros era mais dura do que a de novilhas. Contrariamente a isto, nos patos, a carne de pato fêmea tem um valor de força de cisalhamento mais elevado (3,91 kg/cm^3) do que a carne de pato macho (2,15 kg/cm^3) (Omojola, 2007).

5.3 Composição proximal

No presente estudo, a análise de variância da composição proximal da codorniz Namakkal-1 mostrou que a humidade e a energia bruta não foram significativamente afectadas (P>0,05) pela idade e pelo sexo das aves. A proteína bruta e as cinzas totais tiveram um efeito significativo mais elevado (P<0,01) em função da idade e do sexo das aves. A proteína bruta foi mais elevada nas aves fêmeas de 4 semanas, enquanto as cinzas totais foram mais elevadas nas aves machos de 6 semanas. O extrato etéreo teve um efeito significativo superior (P<0,01) apenas na idade das aves, que foi elevada nas aves com 6 semanas. Isso está de acordo com Demarchi *et al.* (2005), que relataram que o sexo teve efeito significativo (P<0,05) sobre a composição proximal da carne, mas as cinzas totais e a matéria seca foram altas nas aves fêmeas, sem dimorfismo sexual para a porcentagem de proteína. Castellini *et al.* (2002) relataram que o efeito da idade estava presente apenas para a proteína, mas não para a matéria seca, demonstrando que a deposição de proteína tecidual persistiu após 150 dias em frangos, enquanto em outras raças nativas, o teor total de cinzas também aumenta com o aumento da idade. Guzek *et al.* (2013) também afirmaram que a idade tem um efeito significativo sobre a humidade e a percentagem de gordura da carne na carcaça de bovinos. A carne de touros mais jovens foi caracterizada por menor humidade e maior teor de gordura, mas estes factores não foram associados ao marmoreio. Entre os sexos, ao contrário do presente estudo, não houve diferença significativa (P>0,05) na composição proximal dos dois sexos. Os machos tinham um pouco mais de matéria seca e proteína bruta, mas menos humidade e gordura do que as fêmeas. O teor mais elevado de gordura resulta provavelmente de alterações no estado fisiológico das aves (Ayorinde, 1993). Este teor de humidade mais elevado está de acordo com os frangos de carne, as galinhas da Guiné, os patos e os pombos (Famuyioa, 1988).

No presente estudo, a proteína bruta foi elevada nas aves de 4 semanas. Isto pode dever-se à fase de crescimento das aves, que utiliza mais proteínas para o desenvolvimento muscular. O extrato etéreo foi elevado nas aves com 6 semanas, o que mostra que o crescimento foi interrompido e a gordura começou a depositar-se. O aumento do teor de proteínas mostra sempre que o teor de humidade e de gordura é mais baixo (Franco e Lorenzo, 2013). Ao comparar a composição proximal da codorniz Namakkal-1 com o frango e a codorniz japonesa, a codorniz Namakkal-1 apresenta uma melhor composição proximal.

5.4 Perfil de ácidos gordos

No presente estudo do perfil de ácidos gordos da carne de codorniz Namakkal-1, o ácido linolénico, o ácido palmitoleico, o ácido linoleico e o DHA apresentaram um efeito significativo ($P<0,05$) entre idades e, entre sexos, o ácido linolénico, o ácido oleico e o DHA apresentaram um efeito significativo ($P<0,05$). O ácido linoleico foi elevado nas aves de 4 semanas, enquanto o DHA, o ácido linolénico e o ácido palmitoleico foram elevados nas aves de 6 semanas. Entre os sexos, o ácido linoleico e o ácido oleico foram mais elevados nas aves fêmeas com 4 semanas. O ácido linolénico e o DHA eram elevados nas aves fêmeas com 6 semanas. O ácido oleico era elevado nas aves machos com 6 semanas. O ácido oleico foi o principal ácido gordo na carne de codorniz Namakkal-1, seguido do ácido linoleico e do ácido palmítico, mas no frango, a ordem dos principais ácidos gordos varia entre ácido oleico > ácido palmítico > ácido linoleico (Demarchi *et al.*, 2005). Esses resultados estão de acordo com Pereira *et al.* (1976), Sheu e Chen (2002) em carne de frango, Franco e Lorenzo (2013) que relataram em carne de faisão e Franco *et al.* (2012) relataram em capões e patos. No entanto, Nuernberg *et al.* (2011) referiram que, no faisão selvagem e de criação, o principal ácido gordo registado foi o ácido palmítico, seguido do ácido linoleico. O presente estudo concordou com Demarchi *et al.*, 2005, que referiram que, nas galinhas, as fêmeas tinham mais ácido palmítico e ácido linoleico, enquanto o ácido oleico era mais elevado nos machos.

Entre as idades, Demarchi *et al.*, 2005, referiram que a idade tinha um efeito significativo nos ácidos gordos. Com o aumento da idade, o ácido palmítico, o ácido oleico, o ácido mirístico e o EPA também aumentam. Mesmo a contribuição do ácido oleico entre os ácidos gordos na codorniz de Namakkal-1 era ainda inferior à do pato (37,1 por cento) e da galinha (47,7 por cento) (Demarchi *et al.*, 2005), mas semelhante à da codorniz japonesa (35,38 por cento) (Genchev *et al.*, 2008).

Em geral, as carnes de aves tinham um teor relativamente elevado de ácido alfa-linolénico, 1,74% para o frango, 1,75% para a codorniz japonesa e 1,68% para o pato, respetivamente (Genchev *et al.*, 2008). Em comparação com a codorniz Namakkal-1, a codorniz Namakkal -1 tinha menos ácido alfa-linolénico (0,9 a 1,2 por cento), respetivamente.

No presente estudo, o sexo e a idade tiveram um efeito significativo nos AGMI e AGPI. Nos ácidos gordos ómega 3, apenas a idade das aves teve um efeito significativo. Os AGMI foram elevados nas aves de 4 semanas, enquanto os AGPI e os ácidos gordos ómega-3 foram elevados nas aves de 6 semanas. Os AGMI e os AGPI eram mais elevados nas aves machos.

De acordo com Demarchi *et al.* (2005), na galinha da raça Padovana, os AGS, AGMI e AGPI eram 35,30 por cento, 32,89 por cento e 32,21 por cento e para a carne de faisão 34,92 por cento, 44,03 por cento e 24,58 por cento (Franco e Larenzo, 2013), respetivamente. Ao comparar os resultados acima referidos com a codorniz Namakkal-1, esta contém 33,63% de AGS, 78,41% de AGMI e 29,01% de AGPI, respetivamente. A codorniz Namakkal-1 tinha um teor mais baixo de AGS e um teor mais elevado de AGMI, AGPI e ácidos gordos ómega 3. Isto foi apoiado por Ho *et al.* (2007) na carne de galinha e de *R.catesbeiana, os AGMI* eram elevados, o que pode ser devido ao aumento do ácido oleico, mas baixos em AGPI, o que foi semelhante ao gado relatado por Srinivasan *et al.* (1997). Ionita *et al.* (2011) relataram que a carne de codorna tem menor teor de gordura do que a carne de frango e pato. O teor de ácidos gordos ómega 3 foi elevado na carne de codorniz japonesa, seguido da carne de pato e depois da carne de frango. O teor de ácidos gordos ómega 3 da carne de codorniz japonesa era de 1,25 por cento, o do pato de 1,02 por cento e o do frango de carne de 0,9 por cento, respetivamente. A codorniz de Namakkal contém 2,48% de ácidos gordos ómega 3. Comparando-as, a codorniz Namakkal-1 tem mais ácidos gordos ómega 3.

5.5 Propriedades organolépticas

5.5.1 Cor

A cor é o primeiro critério utilizado pelo consumidor para avaliar a qualidade e a aceitabilidade da carne. A cor é influenciada principalmente pelo conteúdo e natureza da mioglobina, a composição e o estado físico do músculo e a estrutura da carne (Renerre, 1986) e também depende das mudanças de pigmento que ocorrem durante a cozedura. Quanto mais velho for o animal ou mais ativo for, maior será a concentração de mioglobina no músculo desses animais (Jeremiah, 1978). No presente estudo, a classificação do painel sensorial para a cor variou entre 7,58 e 7,68 para as aves de 4 e 6 semanas. De acordo com Akinwumi *et al.* (2013), numa escala hedónica de 9 pontos, a pontuação da cor foi de 7,2 para os gansos, 6,6 para as galinhas e 6 para as codornizes japonesas, respetivamente. Os gansos obtiveram uma pontuação mais elevada em termos de cor, seguidos da galinha e depois da codorniz japonesa. Quando comparada com a codorniz Namakkal-1, a codorniz japonesa obteve uma pontuação mais elevada. No presente estudo, a cor da carne não foi significativamente (P>0,05) afetada pela idade e pelo sexo das aves. Mas, contrariamente a este facto, Omojola (2007) referiu que as aves fêmeas têm uma pontuação elevada na cor da carne de pato.

5.5.2 Aroma

O sabor da carne depende principalmente do sexo e da idade das aves. À medida que a idade aumenta, o sabor da carne também aumenta devido ao aumento do teor de gordura (Lawrie, 1998). No presente estudo, o sabor da carne não foi significativamente (P>0,05) afetado pela idade e pelo sexo das aves. A pontuação relativa ao sabor varia entre 7,54 e 7,60 para a carne de codorniz Namakkal-1 de 4 e 6 semanas. Em comparação, foi de 6,0 para frango, 6,9 para codorniz, 5,0 para gansos e 5,9 para pato (Akinwumi *et al.*, 2013). A codorniz de Namakkal tem uma pontuação mais elevada em termos de sabor, seguida da codorniz japonesa, da galinha, do pato e do ganso. Contrariamente ao presente estudo, na carne de pato, o sabor da carne das fêmeas é superior ao dos machos (Omojola, 2007). De forma semelhante, nas codornizes japonesas, a carne das fêmeas é mais saborosa do que a carne dos machos (Ayorinde, 1993). Entre as idades, em contradição com o presente estudo, Wilkanowska e Kokoszynski (2011), em codornizes, referiram que o sabor da carne de aves com 33 dias de idade é superior ao da carne de aves com 42 dias.

5.5.3 Sumo

A suculência da carne está diretamente relacionada com o teor de lípidos intramusculares e de humidade da carne. Em combinação com a água, os lípidos fundidos constituem um caldo que, quando retido na carne, é libertado durante a mastigação. A suculência é composta por dois efeitos, nomeadamente a impressão de humidade libertada durante a mastigação e a salivação produzida por factores de sabor (Omojola *et al.*, 2003). No presente estudo, o sexo e a idade não tiveram um efeito significativo (P>0,05) na suculência da carne. Contrariamente a isto, Omojola (2007) referiu que o sexo tinha um efeito significativo na suculência da carne de pato. A carne da ave fêmea tem uma pontuação mais elevada do que a carne da ave macho. Este facto foi confirmado por Kokoszynski *et al.* (2013) na perdiz cinzenta. A suculência da carne depende sobretudo da capacidade de retenção de água e da perda de cozedura da carne. Uma vez que a carne de codorniz Namakkal-1 tinha menos gordura e não houve alteração da capacidade de retenção de água da carne, não houve alteração significativa da suculência da carne. A carne de codorniz Namakkal-1 é a mais suculenta, com uma pontuação de 7,7 a 7,48. Quando comparada com a carne de codorniz japonesa (6,4), a carne de frango (5,1) e a carne de gansos (3,8) (Akinwumi *et al.*, 2013). Wilkanowska e Kokoszynski (2011) relataram que a idade também teve um efeito significativo na suculência da carne. As aves com 33 dias de idade obtiveram pontuações elevadas quando comparadas com as aves com 42 dias de idade. À semelhança do presente estudo, Ayorinde (1993) referiu que não havia diferenças significativas na suculência das amostras de carne de codornizes japonesas de ambos os sexos.

5.5.4 Ternura

A tenrura é considerada como o atributo sensorial mais importante que afecta a aceitabilidade da carne. A tenrura foi também identificada como a qualidade mais crítica que determina se os consumidores são compradores repetidos. Os consumidores preferem sempre pagar um prémio por um produto de alta qualidade (Cross *et al.* 1986). A tenrura da carne varia consoante os tipos de tecidos que suportam a fibra muscular (Lawrie, 1998). No presente estudo, a tenrura não foi significativamente (P>0,05) afetada pela idade e pelo sexo das aves. Ao contrário do que acontece com o pato, Omojola (2007) referiu que a tenrura era afetada pelo sexo das aves. A carne de pato macho tem uma pontuação mais elevada em termos de tenrura do que a das fêmeas. Este facto é semelhante ao de Kokoszynski *et al.* (2013), que referem que, nas perdizes, o sexo das aves tem um efeito significativo na tenrura da carne. Em comparação com a carne das fêmeas, a carne dos machos teve uma pontuação mais alta para a maciez (3,0 a 3,4). A idade das aves também teve um efeito significativo na tenrura da carne. A carne de aves com 33 dias de idade tem uma pontuação mais elevada do que a de codornizes japonesas com 42 dias (Wilkanowska e Kokoszynski, 2011). De acordo com Akinwumi *et al.* (2013), as codornizes japonesas obtiveram a pontuação de maciez mais elevada de 6,10, seguidas pelo frango (5,4), mas os gansos obtiveram uma pontuação significativamente mais baixa. Em comparação com todos os itens acima, a carne de codorniz Namakkal-1 obteve uma pontuação elevada em termos de maciez.

5.5.5 Aceitabilidade global

A aceitabilidade global da carne determina a qualidade da carne. No presente estudo, o sexo e a idade das aves não tiveram efeito significativo (P>0,05) na aceitabilidade global da carne de codorniz Namakkal-1. Omojola (2007) referiu que a aceitabilidade global não foi afetada pelo sexo da ave na carne de pato. De forma semelhante, Ayorinde (1993) referiu que, na carne de codorniz japonesa, a idade da ave não afectava significativamente a aceitabilidade global da carne. De acordo com Akinwumi *et al.* (2013), a pontuação de aceitabilidade global foi a favor da galinha (6,3), seguida da codorniz japonesa (6,1) e do ganso (5,3), respetivamente. Mas a codorniz de Namakkal-1 obteve uma pontuação elevada de aceitabilidade global (7,7) em relação a todas as outras aves.

5.6 Conclusão

O presente estudo revelou que a codorniz Namakkal-1 de 4 semanas tem mais vantagens em termos de qualidade da carne do que as aves de 6 semanas. As características da carcaça mostraram que, apesar de o peso da ave ser elevado nas aves de 6 semanas, a percentagem de preparação da codorniz Namakkal-1 não apresenta qualquer diferença significativa. A percentagem de preparação varia entre 61,97 e 61,98 por cento. As características físico-químicas revelaram uma diferença significativa em função da idade e do sexo das aves: o valor da força de cisalhamento, o diâmetro das fibras e o comprimento dos sarcómeros foram elevados nas aves com 6 semanas. A força de cisalhamento foi elevada nas aves machos com 6 semanas. Isto mostrou que a carne das aves com 4 semanas era mais tenra do que a das aves com 6 semanas. O diâmetro das fibras e o comprimento dos sarcómeros eram elevados nas aves fêmeas com 6 semanas. A composição proximal da carne mostra diferenças entre o sexo e a idade das aves. A proteína bruta era mais elevada nas aves com 4 semanas do que nas aves com 6 semanas, porque estas se encontram em fase de crescimento. O extrato etéreo foi elevado nas aves de 6 semanas, o que revela uma taxa de crescimento reduzida e uma maior assimilação de gordura. Uma vez que o extrato etéreo foi elevado nas aves com 6 semanas, os AGMI foram elevados nas aves com 6 semanas.

As carnes com baixo teor de gordura são uma opção interessante para os consumidores que estão interessados em questões relacionadas com a saúde ou em manter ou normalizar o índice de massa corporal. Além disso, os consumidores também procuram carne saudável com baixo teor de gordura e com características sensoriais satisfatórias. A carne de codorniz Namakkal-1 contém menos ácidos gordos saturados e é rica em ácidos gordos ómega 3 e proteínas brutas às 4 semanas de idade, em comparação com as 6 semanas de idade, e a avaliação organoléptica também revelou uma pontuação elevada em comparação com a carne de codorniz japonesa, frango, gansos, pato e pombo.

Uma vez que a codorniz Namakkal-1 foi criada principalmente para fins de produção de carne, as aves da codorniz Namakkal-1 apresentaram um rendimento elevado e uma boa qualidade da carne num curto período de 4 semanas. Além disso, este estudo mostrou que a carne de codorniz Namakkal-1 pode ser preferida à carne de codorniz japonesa. Pode concluir-se que a idade óptima de abate foi 4 semanas, porque durante 4 semanas haverá um aumento das proteínas brutas e um baixo teor de gordura e a percentagem de preparação varia entre 61,97 e 61,98 por cento, o que não revela qualquer diferença significativa entre as idades. Assim, a codorniz Namakkal-1 pode ser abatida às 4 semanas de idade, o que reduz os custos de alimentação e é mais económico para os agricultores. A maioria das fêmeas foi preferida aos machos devido às melhores características nutricionais e físico-químicas da carne.

CAPÍTULO 6

RESUMO

A fim de melhorar a qualidade da carne das codornizes japonesas, foram recentemente desenvolvidas muitas estirpes mais recentes. Entre as novas estirpes, a Namakkal quail - 1 é uma nova estirpe desenvolvida pela TamilNadu Veterinary and Animal Sciences University a partir de codornizes japonesas de linha pura por cruzamento de quatro vias durante o ano de 2006. Esta codorniz híbrida atinge um peso corporal médio de 250 g à quinta semana em condições normais de exploração. Com um rácio de conversão alimentar de 3,2, pode ser criada com menos capital e obter rapidamente um rendimento elevado. É, pois, necessário elucidar as alterações das características físicas e químicas dos músculos das codornizes recentemente desenvolvidas.

Um total de 48 aves foi adquirido no Poultry Farm Complex, Department of Poultry Science, Veterinary College and Research Institute, Namakkal. Na quarta semana, foram abatidas 24 aves, das quais 12 machos e 12 fêmeas, e as restantes 24 aves (12 machos e 12 fêmeas) foram abatidas às 6 semanas de idade. Antes do abate, as aves passaram fome durante 4 horas e foram abatidas de acordo com o procedimento normalizado do Department of Livstock Products Technology (Meat Science), Veterinary College and Research Institute, Namakkal. As codornizes foram abatidas por decapitação. Após um período de sangria de 5 minutos, as penas foram retiradas manualmente juntamente com a pele e as carcaças foram evisceradas manualmente. Foram registados o peso da carcaça vazia, o peso do fígado, do coração, da moela e do trato alimentar. O peso das partes cortadas, nomeadamente o peso do pescoço, do peito, das asas, das patas e do dorso, foi recolhido e embalado em sacos de polietileno herméticos e armazenado a uma temperatura de refrigeração (4±1°C) durante 24 horas, até à realização de análises posteriores.

Características da carcaça

O peso antes do abate e o peso da carcaça quente das codornizes Namakkal-1 de 4 e 6 semanas variaram entre 190,25±4,66 e 289,50±4,97 e entre 119,83±3,81 e 181,25±4,38, respetivamente. A análise de variância mostrou que, à medida que a idade aumenta, o peso antes do abate e o peso da carcaça quente aumentam. Ambos foram elevados nas aves de 6 semanas, especialmente nas fêmeas. Este facto pode dever-se ao desenvolvimento dos órgãos reprodutores femininos e aos ovos incompletos. A diminuição do peso dos machos pode dever-se a alterações hormonais e a actividades sexuais. A percentagem de preparação revelou que a idade e o sexo das aves não tiveram um efeito significativo. A percentagem de preparação na codorniz Namakkal- 1 variou entre 61,97±0,71 e

62,98±1,19, respetivamente.

A média geral do rendimento percentual de miudezas comestíveis e não comestíveis de aves de 4 e 6 semanas foi de 6,94±0,16, 5,82±0,16 e 18,97±0,46, 18,22±0,48, respetivamente. Os rendimentos percentuais globais de miudezas comestíveis são significativamente (P<0,01) afectados pela idade e pelo sexo das aves. As aves machos de 4 semanas tiveram maior rendimento de miudezas comestíveis. O rendimento de miudezas não comestíveis não teve efeito significativo (P>0,05). As miudezas comestíveis da codorniz Namakkal-1 incluem o coração, o fígado e a moela. O rendimento das miudezas individuais também é significativamente (P<0,05) afetado pela idade e pelo sexo das aves. Entre os sexos, a percentagem de moela foi mais elevada nas fêmeas do que nos machos. Entre as idades, a ave de 4 semanas apresentou uma maior produção de moela do que de coração e fígado, em comparação com as aves de 6 semanas. As miudezas não comestíveis incluem sangue, penas com pele, cabeça, patas e intestino com conteúdo. A análise de variância mostrou que, à exceção do conteúdo do intestino, as outras miudezas não comestíveis apresentaram um efeito significativo (P<0,01) mais elevado, tanto no sexo como na idade das aves. A produção de sangue foi alta nas aves fêmeas de 4 semanas (1,28±0,09), a produção de cabeça, pés e penas com pele foi alta nos machos de 6 semanas (4,42±0,13, 2,24±0,07 e 5,22±0,30). Mas, no total, o rendimento percentual de miudezas não comestíveis não foi significativamente (P>0,05) afetado pelo sexo e pela idade das aves. As partes cortadas das codornizes incluem o pescoço, as asas, o dorso, o peito e a perna. A análise de variância mostrou que, à exceção do rendimento da asa, o rendimento do dorso, da perna, do pescoço e do peito não foi significativamente (P>0,05) afetado pela idade e pelo sexo das aves. A produção de asas foi maior nas aves machos de 4 semanas. Em comparação com a galinha, a codorniz japonesa e o ganso, a codorniz de Namakkal -1 tem o valor mais elevado de peito e coxa em percentagem. Isto mostra que a codorniz Namakkal -1 tem um bom rendimento de carne numa idade precoce.

Características físico-químicas da carne

Os valores de pH da carne são importantes e dependem do teor de glicogénio no músculo, sendo as reservas de glicogénio altamente influenciadas pela atividade locomotora e pela presença de factores de stress no período pré-abate. No presente estudo, a análise de variância mostrou que a idade não teve um efeito significativo (P>0,05), mas o sexo teve um efeito significativo (P<0,05) no pH da carne, as aves fêmeas apresentam um valor de pH mais elevado. O WHC foi definido como a capacidade da carne para reter a sua água após a aplicação de forças externas e é um indicador primário do grau de suculência da carne. O sexo e a idade não tiveram um efeito significativo (P>0,05) na WHC da carne.

O diâmetro das fibras e o comprimento dos sarcómeros das aves de 4 e 6 semanas foram 36,87±0,97, 1,13±0,55 e 45,13±0,91, 1,35±0,80, respetivamente. A análise de variância mostra que o sexo e a idade das aves tiveram um efeito altamente significativo (P<0,01) no diâmetro das fibras e no comprimento dos sarcómeros. Entre as idades, as aves com 6 semanas de idade apresentaram valores mais elevados e entre os sexos, as fêmeas com 6 semanas de idade apresentaram valores mais elevados de diâmetro das fibras e de comprimento dos sarcómeros. O diâmetro da fibra e o comprimento do sarcómero mostram que, à medida que a idade aumenta, o diâmetro da fibra e o volume do músculo também aumentam, o que resulta do aumento do diâmetro da fibra. O aumento do diâmetro das fibras está também associado ao aumento do número de fibras gigantes que, normalmente, têm uma área de secção transversal três a cinco vezes superior à normal. Ao contrário dos músculos dos mamíferos, o início do rigor mortis nos músculos das aves começa apenas alguns minutos após o abate e dura 1-2 horas. Durante as diferentes fases do rigor mortis, o diâmetro da fibra muscular diminui, devido ao encolhimento lateral das miofibrilas, e ocorre a contração do sarcómero. Os factores que afectam o comprimento dos sarcómeros do músculo são o pH, a cor e o valor da força de cisalhamento da carne. O pH do músculo tem uma correlação positiva com o comprimento do sarcómero. O SFV e o comprimento do sarcómero apresentam uma correlação negativa. O encurtamento do sarcómero foi um dos principais factores que contribuíram para a dureza da carne. Os valores médios globais da força de cisalhamento foram 1,35±0,06 e 1,77±0,08 para a carne de aves de 4 e 6 semanas, respetivamente. A análise de variância para a SFV mostra uma diferença altamente significativa (P<0,01) entre a idade e o sexo das aves. Entre as idades, a carne das aves com 6 semanas apresentou maior VFS e entre os sexos, os machos com 6 semanas apresentaram maior VFS. À medida que a idade aumenta, o SFV também aumenta.

Composição proximal

A composição proximal inclui a humidade, a proteína bruta, o extrato etéreo, as cinzas totais e a energia bruta. O valor médio global da composição proximal das aves de 4 e 6 semanas foi de 70,74±0,46 e 71,36±0,29 para a humidade, 23,39±0,34 e 21,37±0,26 para a proteína bruta, 3,86±0,12 e 4,73±0,26 para o extrato etéreo, 1,54±0,05 e 1,24±0,07 para as cinzas totais e 1708,41±22,60 e 1709,91±24,53 para a energia bruta, respetivamente. A análise de variância mostrou que a humidade e a energia bruta não foram significativamente afectadas (P>0,05) pela idade e pelo sexo das aves. Entre as idades, a proteína bruta, o extrato etéreo e as cinzas totais apresentaram diferenças altamente significativas (P<0,01). A proteína bruta e as cinzas totais foram mais elevadas nas aves com 4 semanas, enquanto o extrato etéreo foi mais elevado nas aves com 6 semanas. Entre os sexos, a proteína bruta e as cinzas totais apresentaram diferenças significativas (P<0,01). A proteína bruta foi mais elevada nas aves fêmeas de 4 semanas, enquanto as cinzas totais foram mais elevadas nas aves machos de 6 semanas. Isto mostra que o crescimento das aves teve efeito na composição proximal da carne. A proteína bruta foi mais elevada nas aves de 4 semanas; isto pode dever-se ao facto de as aves estarem em fase de crescimento, o que utiliza mais proteínas para o desenvolvimento muscular. O extrato etéreo foi elevado nas aves com 6 semanas, o que mostra que o crescimento foi interrompido e a gordura começou a depositar-se. O aumento do teor de proteínas revela sempre uma diminuição do teor de humidade e de gordura.

Perfil de ácidos gordos

A média geral dos ácidos gordos das aves de 4 e 6 semanas foi de 0,65±0,77 e 0,58±0,42 para o ácido mirístico, 21,33±0,05 e 20,57±0,08 para o ácido palmítico, 7,07±0,05 e 6,83±0,07 para o ácido esteárico, 33,56±0,31 e 35,35±0,21 para o ácido oleico, 27,30±0,03 e 22,99±0,01 para o ácido linoleico, 0.94±0,07 e 1,20±0,08 para o ácido linolénico, 0,23±0,60 e 0,20±0,64 para o ácido araquídico, 3,07±0,63 e 3,68±0,73 para o ácido beénico, 0,38±0,51 e 0,42±0,38 para o EPA, 0,35±0,56 e 0,68±0,31 para o DHA e 4,63±0,06 e 6,83±0,03 para o ácido palmitoleico, respetivamente. O perfil de ácidos gordos da carne de codorniz Namakkal-1, entre as idades, o ácido linolénico, o ácido palmitoleico, o ácido linoleico e o DHA apresentaram um efeito significativo (P<0,05) e, entre os sexos, o ácido linolénico, o ácido oleico e o DHA apresentaram um efeito significativo (P<0,05). O ácido linoleico foi elevado nas aves de 4 semanas, enquanto o DHA, o ácido linolénico e o ácido palmitoleico foram elevados nas aves de 6 semanas. Entre os sexos, os valores médios do ácido linoleico e do ácido oleico foram elevados nas aves fêmeas de 4 semanas (27,42±1,15 e 35,05±0,68). Os valores médios do ácido oleico (34,67±1,33) foram elevados nas aves machos com 6 semanas, enquanto o ácido linolénico e o DHA foram elevados (1,30±0,11 e 0,74±0,13) nas aves fêmeas com 6 semanas. O ácido oleico foi o principal ácido gordo na carne da codorniz Namakkal-1, seguido do ácido linoleico e do ácido palmítico. O sexo e a idade tiveram um efeito significativo nos AGMI e AGPI. Nos ácidos gordos ómega 3, apenas a idade das aves teve um efeito significativo. Os AGMI foram elevados nas aves de 4 semanas, enquanto os AGPI e os ómega-3 foram elevados nas aves de 6 semanas. Os AGMI e os AGPI eram mais elevados nas aves machos. A codorniz Namakkal-1 tem menos AGS e mais AGMI, AGPI e ácidos gordos ómega-3. O ácido gordo ómega 3 da carne de codorniz japonesa era de 1,25 por cento, o do pato de 1,02 por cento e o do frango de carne de 0,9 por cento, respetivamente. As codornizes de Namakkal contêm 2,48% de ácidos gordos ómega 3. Comparando-as, a codorniz Namakkal- 1 tem mais ácidos gordos ómega 3. O teor de ácidos gordos ómega 3 era elevado na carne de codorniz japonesa, seguida da carne de pato e depois da carne de frango.

Propriedades organolépticas

As propriedades organolépticas da carne incluem a cor, o sabor, a suculência, a tenrura e a aceitabilidade global. As pontuações da codorniz Namakkal -1 foram superiores às da codorniz japonesa, do ganso, do pato e da galinha numa escala hedónica de nove pontos. As pontuações da codorniz de Namakkal -1 variaram entre 7 e 8. A análise de variância mostrou que a carne não foi significativamente afetada pela idade e pelo sexo da ave.

Com base nos resultados, as codornizes Namakkal-1 apresentaram um rendimento elevado e uma boa qualidade da carne num período de tempo mais curto. A codorniz Namakkal-1 de 4 semanas tem mais vantagens em termos de qualidade da carne do que as aves de 6 semanas, especialmente as fêmeas. Assim, pode concluir-se que a idade óptima de abate foi a de 4 semanas, porque durante 4 semanas haverá um aumento das proteínas brutas e um baixo teor de gordura, e a percentagem de preparação varia entre 61,97 e 61,98 por cento, o que não revela qualquer diferença significativa entre as idades. Por conseguinte, a codorniz Namakkal-1 pode ser abatida às 4 semanas de idade, o que reduz os custos de alimentação dos agricultores e, na sua maioria, as fêmeas são preferidas aos machos em termos de qualidade e quantidade de carne.

REFERÊNCIAS

Abd El-All, H. M., 1997. Qualidade da carne de aves migratórias utilizadas como alimento no Egipto. Tese de Mestrado, Faculdade de Medicina Veterinária, Universidade do Cairo.

Abdullah, Y., M. M. Muwalla, H. O. Maharmeh, S. K. Matarneh e M. A. A. Ishmais, 2010. Effects of Strain on Performance, and Age at Slaughter and Duration of Post-chilling Aging on Meat Quality Traits of Broiler (Efeitos da estirpe no desempenho e na idade de abate e duração do envelhecimento pós-refrigeração nos traços de qualidade da carne de frangos de carne). *Asian-Australasian Journal of Animal Sciences,* **23(12)**: 1645 - 1656.

Aberle, E. D e T. S. Stewart, 1983. Growth of fiber types and apparent fiber number in skeletal muscle of broiler- and layer-type chickens. *Growth,* **47**: 135-144.

Ahuja, S. D., 1992, Production of quails can be a profitable venture. *Indian Farming.* **42**: 27-30.

Akinwumi, A. O., A. A. Odunsi, A. B. Omojola, T. O. Akanda e T. A. Rafiu, 2013. Avaliação da carcaça, órgão e propriedades organolépticas de camadas gastas de diferentes tipos de aves de capoeira. *Botswana Journal of Agriculture and Applied Science,* **9 (1)**: 3- 7.

Akram, M., J. Hussain, S. Ahmad, S. Mehmood, A. Rehman, A. Iqbal e M. Usman, 2013. Estudo das medidas corporais e das características de abate das codornizes japonesas em função da idade. *Revista Científica de Zoologia,* **2(3)**: 23-26.

Aksit, M., I. Oguz, Y. Akbas, O. Altan e M. Ozdogan, 2003. Variação genética de características alimentares e relações com algumas características de meta produção em codornizes japonesas (Coturnix coturnix japonica). *Arch Geflugelkd,* **67(2): 76-82.**

Alagawany, M., M. El-Hindawy, A. Attia, M. Farag, M. A. El-Hack, 2015. Influência dos níveis de colina na dieta sobre o desempenho do crescimento e as características da carcaça de codornas japonesas em crescimento. *Avanços em Ciências Veterinárias Animais,* **3(2): 109115.**

Ali, M. S., G. H. Kang, H. S. Yang, J. Y. Jeong, Y. Hwa, H. G. Boo Park e S. T. Joo, 2007. A Comparison of Meat Characteristics between Duck and Chicken Breast (Comparação das características da carne do peito de pato e de frango). *Asian-Australian Journal of Animal Science,* **20(6): 1002 - 1006.**

Ali, M. S., H. S. Yang, J. Y. Jeong, S. H. Moon, Y. H. Hwang, G. B. Park e S. T. Joo, 2008. Effect of

Chilling Temperature of Carcass on Breast Meat Quality of Duck (Efeito da temperatura de refrigeração da carcaça na qualidade da carne do peito do pato). *Poultry Science,* **87**:1860-1867.

Alkan, S., K. Karabag, A. Gali?, T. Karsli e M. S. Balcioglu, 2010. Determinação do peso corporal e de alguns traços de carcaça em codornizes japonesas (Coturnix coturnix japonica) de diferentes linhas. *Kafkas Universitesi Veteriner Fakultesi Dergisi,* **16 (2)**: 277-280.

Alkan, S., T. Karsli, K. Karaba e A. Gali?, 2013. Os efeitos de diferentes idades de abate e sexo nas características da carcaça em codornizes japonesas de diferentes linhas *(Coturnix coturnix japonica). Suleyman Demirel Universitesi Ziraat Fakultesi Dergisi.* **8 (1)**: 12 -18.

Anadon, H. L. S., 2002. Factores biológicos, nutricionais e de processamento que afectam a qualidade da carne do peito de frangos de carne. *Tese de doutoramento,* Faculdade do Instituto Politécnico e Universidade Estatal da Virgínia, Blacksburg, Virgínia.

AOAC, 1995. Official methods of analysis 16 edition. Association of Official Analytical Chemists, International, Gaithersburg, MD.

AOAC, 1997. Métodos oficiais de análise. 16 edição, 3rd revisto, Vol.1. Association of Official Analytical Chemists. Washington, DC.

Ayorinde, K. L., 1993. Avaliação das características de crescimento e de carcaça da codorniz japonesa *(coturnix coturnix japonica)* na Nigéria. *Revista nigeriana de produção animal,* **21**.

Banerjee, S., 2010. Estudos da carcaça de codornizes japonesas *(coturnix coturnix japonica)* criadas em clima quente e húmido do leste da Índia. *Revista mundial de ciências aplicadas,* **8(2)**: 174-176.

Baumgartner, J., 1994. Produção, criação e genética de codornizes japonesas. *World's Poultry Science Journal,* 50**(3)**: 227-235.

Betti, M., B. L. Schneider, W. V. Wismer, V. L. Carney, M. J. Zuidhof e R. A. Renema, 2009. Carne de frango enriquecida com ómega 3: 2. propriedades funcionais, estabilidade oxidativa e aceitação do consumidor. *Poultry Science,* **88**:1085-1095.

Bonos, E. M., E. V. Christaki e P. C. Florou-Paneri, 2010. Características de desempenho e de carcaça das codornizes japonesas afectadas pelo sexo ou por oligossacáridos de manano e propionato de cálcio. *South African Journal of Animal Science,* **40 (3)**: 173183.

Brahma, M. L., P. L. Narayana Rao e D. R. Nath, 1984. Estudo comparativo de certas características qualitativas da carne de pato e de galinha: p^H , capacidade de retenção de água e características de palatabilidade da carne. *Indian Veterinary Journal.* **61**: 978-983.

Brewer, V.B., V. A. Kuttappan, J. L. Emmert, J. F. C. Meullenet e C. M. Owens, 2012. Programas de aves de grande porte: Effect of strain, sex, and debone time on meat quality of broilers (Efeito da linhagem, sexo e tempo de desossa na qualidade da carne de frangos de corte). *Poultry Science,* **91**:248-254.

Caglayan. T e E. Sekar, 2013. Efeito da mentha caucasica no desempenho do crescimento e nas características da carcaça de codornizes japonesas (*coturnix coturnix japonica*). *Journal of animal and veterinary advances,* **12(8):** 909-913.

Caron, N., F. Minvielle, M. Desmarais e L. M. Poste, 1990. Seleção em massa para peso corporal aos 45 dias em codornizes japonesas: resposta à seleção, composição da carcaça, propriedades culinárias e características sensoriais. *Poultry Science,* **69**: 10371045.

Cason, J. A., C. E. Lyon, e J. A. Dickens, 2002. Tenderization of hot-boned broiler breast meat by clamping during chilling. *Poultry Science,* **81:** 121-125.

Castellini, C., C. Mugnai e A. D. Bosco, 2002. Efeito do sistema de produção biológico na qualidade da carcaça e da carne de frangos de carne. *Meat Science,* **60:** 219-225.

Cavitt, L. C., G.W. Youm, J.F. Meullenet, C.M. Owens e R. Xiong, 2004. Prediction of Poultry Meat TendernessUsing Razor Blade Shear, Allo-Kramer Shear, and Sarcomere Length. *Journal of Food Science.* **69**.

Choi, Y. M., e B. C. Kim, 2008. Muscle fibre characteristics, myofibrillar protein isoforms, and meat quality (Características das fibras musculares, isoformas de proteínas miofibrilares e qualidade da carne). Livestock Science, 1-14.

Choudhary, M. K e T. D. Mahadevan, 1983. Studies on the effect of age and sex on slaughter characteristics of quails (Estudos sobre o efeito da idade e do sexo nas características de abate das codornizes). *Indian Journal of Poultry Science,* **18**: 3336.

Chrati, H., e A. Esmailizadeh, 2013. Traços de carcaça e características físicas do ovo em codornas japonesas como afetados pelo genótipo, sexo e eclosão. *Journal of Livestock Science and Technology,* **1(2):** 57-62.

Costa, R. S., F. C. Henry, K. S. Ferreira, do Valle Fraf e C. R. Quirino, 2012. Caracterização do *rigor mortis* dos músculos *longissimus dorsi* e *triceps brachii* de carcaças de bovinos machos. *African Journal of Biotechnology,* **11:** 81278132.

Cover, S., R. L. Hostetler e S. J. Ritchey, 1962. Tenderness of Beef. *Journal of Food Science,* **27(6):**

527-536.

Crawford, R. D., 1990. Origem e história das espécies de aves de capoeira. In: Poultry Breeding and Genetics. *Elsevier,* 1-41.

Cross H R, R L West e T R Dutson, 1980. Comparison of methods for measuring sarcomere length in beef *semitendinosus* muscles. *Meat Science* **5**: 261-266.

Cross, H. R., J. W. Savell e J. J. Francis, 1986. Estudo nacional do consumidor de carne de bovino a retalho. In Proceedings 38 Annual Reciprocal Meat Conference, **39**: 112-114.

Cross, H. R., R. L. West e T. R. Dutson, 1980. Comparison of methods for measuring sarcomere length in beef *semitendinosus* muscles. Meat Science, **5**: 261-266.

Cunha, R. G. T. D., 2009. Carne de codorniz - uma alternativa por descobrir. *World Poultry,* **25(2)**: 12-24.

Daikwo, S. I., O. M. Momoh e N. I. Dim, 2013. Estimativas de hereditariedade, correlações genéticas e fenotípicas entre alguns traços de carcaça selecionados de codornas japonesas (Coturnix coturnix Japonica) criadas em um clima subúmido. *Revista de Biologia, Agricultura e Cuidados de Saúde,* **3(5)**.

Dawson, L. E., L. R. York, N. Amon, C. Kulenkamp e T. H. Coleman, 1971. Características de transformação e rendimento das codornizes Bobwhite. *Poultry Science,* **50**: 1346-1349.

Dawson, P. L., D. M. Janky, M. G. Dukes, L. D. Thompson e S. A Woodward, 1987. Effect of post-mortem deboning time during stimulated commercial processing on the tenderess of broiler breast meat. *Poultry Science,* **66**: 13311333.

Demarchi, M., M. Cassandro , E. Lunardi , G. Baldan e P. B. Siegel, 2005. Carcass Characteristics and Qualitative Meat Traits of the Padovana Breed of Chicken (Características da carcaça e características qualitativas da carne da raça de galinha Padovana). *International Journal of Poultry Science,* **4 (4)**: 233-238.

Dengawy R A e Nassar A M. 2001. Investigação sobre o valor nutritivo e a qualidade microbiológica das carcaças de codornizes selvagens. *Nahrung.* **45**:50-54.

Dhaliwal, S. K., Chaudhary. M. L, Brah. G. S e Sandhu. J. S, 2004. Características de crescimento e carcaça de linhas seleccionadas e de controlo de codornizes japonesas. *Journal of Poultry Science,* **39**: 112 - 119.

Dodge, J. W. e W. J. Stadelman, 1959. Estudos sobre a avaliação da tenrura. *Poultry Science,* **39**(1) : 184-187.

Dransfield, E. e A. A. Sosnicki, 1999. Relação entre o crescimento muscular e a qualidade das aves de capoeira. *Poultry Science,* **78:** 743-746.

Dunn, A. A., E. L. C. Tolland, D. J. Kilpatrick e N. F. S. Gault, 2000. Relationship between early post-mortem muscle pH and shortening-induced toughness in the Pectoralis major muscle of processed broilers air-chilled at 0°C and -12°C. *British Poultry Science,* **41:** 53-60.

Ebeid, T., A. Fayoud, S. A. El-Soud, Y. Eid e M. El-Habbak, 2011. O efeito da produção de carne enriquecida com ómega 3 na peroxidação lipídica, no estado antioxidante, na resposta imunitária e nas características ósseas da tíbia em codornizes japonesas. *Jornal Checo de* Ciência *Animal,* **56(7):** 314-324

Edris, A. B. M., R. A. Amin, D. A. Salem e A. F. Mohammed, 2014. Índices químicos da qualidade da carne de pombos e codornizes. *Benha Veterinary Medical Journal,* **27(2)**: 363-367.

Elmali, A. D., A. Yakan, O. Kaya, M. Elmali, K. Onk, T. Sahin e O. Durna, 2014. Efeitos dos extractos de plantas e da mistura de óleos (essenciais) na qualidade da carne do peito de codornizes japonesas *(Coturnix coturnix japonica). Revue de Medecine Veterinaire,* **165(3-4):** 104-110.

Emami, F., N. Maheri, A. Ghorbani e T. Vahdatpour, 2012. Efeitos da substituição do milho por grãos de sorgo reconstituídos ou não reconstituídos nas características da carcaça de codornizes japonesas *(Coturnix Coturnix japonica). International Journal of Biosciences,* **2(12):** 90-96.

Fah, S. K., 1999. A nutrição e a gestão das codornizes japonesas nos trópicos. http://www.shaywood.com/quail/coturn1.htm.

Famuyiwa, M. A. 1988. Avaliação da carcaça e avaliação organoléptica dos atributos de qualidade de aves selvagens. Tese de licenciatura, Departamento de Produção Animal, Universidade de Ilorin.

Fanatico, A. C., P. B. Pillai, J. L. Emmert e C. M. Owens, 2007. Meat quality of slow-growing chicken genotypes fed low-nutrient or standard diets and raised indoor or with outdoor access. *Poultry Science,* **86:**2245-2255.

Fiedler, I. 1985, Histologisch-histochemische Unter- suchungen zum Muskelfaserwachstum von Schweinen bei unterschiedlicher Energieversor- gung. *Tagungsbericht Akademie der Land-wirtschaftswissenschaften,* **233:** 47- 56.

Fletcher, D. L. 2002. Poultry meat quality (Qualidade da carne de aves de capoeira). *World's Poultry Science Journal,* **58:**131145.

Folch, J., M. Lees e G. H. Sloane Stanley, 1957. Um método simples para o isolamento e purificação de lípidos totais de tecidos animais. *The Journal of Biological Chemistry,* **226**: 497-509.

Franco, D., D. Rots, J. A. Vazquez, L. Purrinos, R. Gonzalez e J. M. Lorenzo, 2012. Efeito de raça entre o galo Mos (raça indígena galega) e a linha SassoT-44 e a alimentação de acabamento de forragem comercial ou milho. *Poultry Science,* **91:** 1227-1239.

Franco, D e J. M. Lorenzo, 2013. Qualidade da carne e composição nutricional de faisões *(Phasianus colchicus)* criados num sistema extensivo. *British Poultry Science,* **54(5):** 594-602.

Genchev, A., G. Mihaylova, S. Ribarski, A. Pavlov e M. Kabakchiev, 2008. Qualidade e composição da carne em codornizes japonesas. *Trakia Journal of Sciences,* **6(4)**: 72-82.

Genchev, A., S. Ribarski e G. Zhelyazkov, 2010. Propriedades físico-químicas e tecnológicas da carne de codorniz japonesa. *Trakia Journal of Sciences,* **8(4)**: 86-94.

Genchev, A. G., S. S. Ribarski, G. D. Afanasjev e G. I. Blohin, 2005. Capacidades de engorda e qualidade da carne de codornizes japonesas das raças faraon e inglesa branca. *Jornal da agricultura da Europa Central,* **6 (4)**: 495-500.

Gillis, W. A. e R. L. Henrickson, 1967. Structural variations of the bovine muscle fibre in relation to tenderess (Variações estruturais da fibra muscular bovina em relação à maciez). Actas da 20th Annual Report Meat Conference, **20:** 17.

Gousi, A. S. T e A. L. Yannakopoulos, 1986. Características da carcaça de codornizes japonesas aos 42 dias de idade. *British Poultry Science,* **27**: 123-127.

Grau, R. e R. Hamm, 1953. Um método simples para a determinação da ligação da água nos músculos. *Naturwissenschaften,* **40(1)**: 29-30.

Guzek, D., D, Glabska, K, Glabski, G, Pogorzelski, J, Barszczewski e A, Wierzbicka, 2015. Relações entre o comprimento do sarcómero e a composição básica do músculo *infra-espinhoso* e *longissimus* dorsi. *Turkish Journal of Veterinary and Animal Sciences,* **39:** 96-101.

Guzek, D., D. Glqbska, G. Pogorzelski, K. Kozah, J. Pietras, M. Konarska, A. Sakowska, K. Glabski, E. Pogorzelska, J. Barszczewski e A. Wierzbicka, 2013. Variação dos Parâmetros de Qualidade da Carne Devido à Conformação e Classe de Gordura em Touros Limousin Abatidos entre 25 e 27 Meses de Idade. *Asian Australas Journal of Animal Science,* **26(5):** 716-722.

Guzek, D., D. Glabska, K. Glabski, P. Plewa, R. Plewa e A. Wierzbicka, 2012. Comparação do comprimento do sarcómero para dois tipos de carne da família animal suidae - análise das medições efectuadas por técnica microscópica. *Avanço em Ciência e Tecnologia no Jornal de Investigação,* **6:**13-17.

Hamm, D e Ang. C. Y. W, 1982. Nutrient composition of quail meat from three sources (Composição nutricional da carne de codorniz de três origens). *Journal of Food Science,* **47**: 1613-1615.

Hanzelkova, S., J. Simeonovova, D. Hampel, A. Dufek e J. Subrt, 2011. O efeito da raça, sexo e tempo de envelhecimento na maciez da carne bovina. *Ata Veterinaria Brno,* **80**: 191-196

Hayes, N.S., C. A. Schwartz, K. J. Phelps, P. Borowicz, K. R. Maddock- Carlin e R. J. Maddock, 2015. A relação entre o estresse pré-colheita e as características da carcaça de novilhas de corte que se qualificaram para a desidnação kosher. *Meat Science,* **100**: 134-138

Hedrick, H. B., E. D. Aberle, J. C. Forest, M. D. Judge e R. A. Merkel, 1994. Propriedades da carne fresca. In; H.B. Hedrick, E.D. Aberle J.C. Forrest, M.D. Judge e R.A. Merkel (eds), Principle of meat Sci. I.A. Dubuque, Kendall/Hunt Publishing Company. 123-131.

Ho, A. L., C. T. Gooi e H. K. Pang, 2007. Composição aproximada e perfil de ácidos gordos da carne de Anuros. Escola de ciência alimentar e nutrição, Universidade da Malásia Sabah.

Horak, V., K. Sevcikova e H. Knizetova, 1989. Histochemical fibre type in thigh muscles of 4 chicken inbred lines. *Anatomischer Anzeiger,* **169**: 313-320.

Howes, J. R., 1964. Japanese quail as found in Japan (Codornizes japonesas encontradas no Japão). *Quail Quarterly,* **1**: 19-30.

Huda, N., A. A. Putra e R. Ahmad, 2011. Proximate and physicochemical properties of Peking and Muscovy duck breasts and thighs for further processing. *Journal of Food, Agriculture & Environment.* **9(1):** 82-88.

Ibrahim,S., K.Selim e B.Metin, 2009. Efeito do tamanho do grupo e do desempenho na engorda, taxa de mortalidade, características de abate e de carcaça em codornizes japonesas. *Journal of Animal veterinary Advances,* **8(4):** 688-693.

Ikhlas, B., N. Huda e N. Ismail, 2010. Comparação das características de qualidade da carne de codornizes jovens e gastas. Asian *Journal of Food Agro-Industry,* **3(05)**: 498-504.

Imchel, M., 2013. Benefícios da carne e do ovo de codorniz. Sundaypost, edição online do primeiro e principal post diário de Nagaland.

Ionita, L., E. P. Miclo§anu, C. Roibu e I. Custura, 2011. Estudo bibliográfico sobre a qualidade da carne de codorniz em comparação com a carne de galinha e de pato. *Universitatea de Stiin/e Agricole și Medicina Veterinara Iasi.* **56:** 224-229.

Ionita, L., E. P. Miclouanu, I. Custura e M. Tudorache, 2012. Estudo sobre as características produtivas das codornizes da população "Baloteuti". Artigos Científicos, *Ciência Animal,* **LV(D):** 193- 197.

Jamaludin, M. H., W. S. K. Aisyah, S. Shazani e M. R. Amin, 2013. The Effect of Slaughter Age on the Bacterial Number, pH and Carcass Weight Loss of Japanese Quails Stored at 4°C for 14 Days [O efeito da idade de abate no número de bactérias, pH e perda de peso da carcaça de codornas japonesas armazenadas a 4°C durante 14 dias]. *Malaysian Journal of Animal Science,* **16(2):** 99-103.

Jassim, J. M., K. M. Riyad, H. A. Majid e G. Yanzhang, 2011. Avaliação das características físicas e químicas das carcaças de patos machos e fêmeas em diferentes idades. *Jornal de Nutrição do Paquistão,* **10 (2):**182-189.

Jaturasitha, S., T. Srikanchai, M. Kreuzer e M. Wicke, 2008. Differences in Carcass and Meat Characteristics Between Chicken Indigenous to Northern Thailand (Black-Boned and Thai Native) and Imported Extensive Breeds (Bresse and Rhode Island Red) [Diferenças nas características da carcaça e da carne entre frangos indígenas do norte da Tailândia (Black-Boned e Thai Native) e raças extensivas importadas (Bresse e Rhode Island Red)]. *Poultry Science* **87:**160-169.

Jeremias L. E., 1978. A review of fator affecting meat quality. Lacombe, Alberta: Lacombe Reasearch Station Technical Bulletin Research Branch, *Agri-Food Canada Research Center,* No: **1**

Jeremiah, L. E e A. H. Martin, 1978. The influence of sex, within breed of sire groups, upon the histological properties of bovine *longissimus dorsi* muscle during postmortem aging. *Canada Journal of Animal Sciences,* **57**: 7-14.

Jeremiah, L. E. e A. H. Martin, 1982. Effects of prerigor chilling and freezing and subcutaneous fat cover upon the histological and shear properties of bovine *longissimus dorsi* muscle. *Canadian Journal of Animal Science,* **62(2)**: 353361.

Joubert, D. M., 1971. Nota de investigação sobre o tamanho do corpo e o tamanho das células na musculatura de grandes e pequenos mamíferos. *Agroanimalia,* **3:** 113-114.

Kanok-orn Interapichet 2008. Composições químicas, teor de ácidos gordos, colagénio e colesterol das carnes de frango híbrido tailandês nativo e de frango de corte. *The Journal of Poultry Science* **45** : 7-14.

Karakaya, M., C. Saricoban e M. T. Yilmaz, 2005. O efeito de vários tipos de carnes de aves de capoeira pré e pós-rigor na capacidade de emulsificação, na capacidade de retenção de água e na perda por cozedura. *Investigação e Tecnologia Alimentar Europeia,* **220:** 283-286.

Kayang, B. B., A. Vignal, M. I. Murayama, M. Miwa, J. L. Monvoisin, S. Ito e F. Minvielle. 2004. A first-generation microsatellite linkage map of the Japanese quail. *Sociedade Internacional de Genética Animal,* **35**: 195-200.

Kaynak, i., H. Gune§, O. Koqak e Y. Sikliginin, 2010. Broiler performansina etkisi. *Istanbul Univ Vet FakDerg,* **36 (1):** 9-19.

Khaldari, M., H. M. Yeganeh, A. Pakdel, A. N. Javaremi e P. Berg, 2011. Resposta à seleção de famílias e parâmetros genéticos em codornizes japonesas seleccionadas para o peso do peito durante quatro semanas. *Archiv Tierzucht,* 54(2): 212-223.

Khoshoii, A. A., B. Mobini e E. Rahimi, 2013. Comparação de cepas de frango: Diâmetro e número de fibras musculares no músculo *peitoral superficial. Global Veterinaria,* **11(1):** 55-58.

Kim, H.W., S.H. Lee, J.H. Choi, Y.S. Choi, H.Y. Kim, K.E. Hwang, J.H. Park, D.H. Song e C.J. Kim, 2012. Efeitos da temperatura de descongelação do estado de rigor e do processamento nas propriedades físico-químicas do músculo do peito de pato congelado. *Poultry Science,* **91:** 2662-2667.

Kirmizibayrak, T., K. Onk, B. Ekiz, H. Yalqintan, A. Yilmaz, K. Yazici e A. Altinel, 2011. Effects of Age and Sex on Meat Quality of Turkish Native Geese Raised Under A Free-Range System (Efeitos da idade e do sexo na qualidade da carne de gansos nativos turcos criados num sistema de criação em liberdade). *Kafkas Univ Vet Fak Derg,* **17 (5):** 817-823.

Klose A A, R N Sayre, D defremery, e M.F, Pool, 1972. Effect of hot cutting and related factors in commercial broiler processing on tenderess. *Poultry Science,* **51** : 634-638.

Kokoszynski. D., Z. Bernacki, H. korytkowska, A. Wilkanowska e A. Frieske, 2013. Composição da carcaça e qualidade da carne da perdiz cinzenta *(perdix perdix). Jornal da Agricultura da Europa Central,* **14(1):** 378-387.

Koohmaraie, M., M. E. Doumit e T. L. Wheeler, 1996. O endurecimento da carne não ocorre quando o encurtamento do rigor é evitado. *Journal of Animal Science,* **74:** 2935-2942.

Koohmaraie, M., M. P. Kent, S. D. Shackelford, E. Veiseth e T. L. Wheeler, 2002. Meat tenderness and muscle growth: is there any relationship. *Meat Science,* **62:** 345-352.

Kul, S., S. Ibarhim e Y. Ozge, 2006. Efeito da criação separada e mista, de acordo com o sexo, no desempenho da debicagem e nas características da carcaça das codornizes japonesas. *(Coturnix coturnix Japonica). Archives Animal Breeding,* **49(6):** 607-614.

Kumar, A., Katar. S. M. H, Verma. S. B, Mandal. K. G e Manimohan, 2000. Genetic parameters of some production and reproduction traits in Japanese quails (Parâmetros genéticos de algumas características de produção e reprodução em codornizes japonesas). *Indian Journal of Animal Health,* **39**: 51-53.

Kumar, Y. P., D. S. Mishra, P. Prakash e M. S. Sethi, 1976. Morphological differences in Longissimus dorsi mus- cle of pig, buffalo, sheep, goat and poultry. *Anatomischer Anzeiger,* **140:** 136-142.

Kuzniacka, J., M. Adamski e Z. Bernacki, 2007. Efeito da idade e do sexo dos faisões (Phasianus colchicus L.) em propriedades físicas seleccionadas e na composição química da carne. *Annals Animal Science,* **7(1):** 45-53.

Lawrie, A.R.1998. Lawrie's Meat Science. 6 Ed. Wood head Publishing Ltd.USA.

Lawrie, R. A., 1979. Meat Science. 3ª Edn. Pergaman press, Oxford.

Lonergan, S. M., E. Huff-Lonergan, L. J. Rowe, D. L. Kuhlers e S. B. Jungst, 2001. Seleção para eficiência de crescimento magro em porcos Duroc: Influência na qualidade da carne de porco. *Journal of Animal Science,* **79:** 2075-2085.0

Lonergan, S. M., N. Deeb, C. A. Fedler e S. J. Lamont, 2003. Breast meat quality and composition in unique chicken populations (Qualidade e composição da carne do peito em populações únicas de frangos). *Poultry science,* **82**: 1990-1994.

Marks H L 1993. Carcass composition, feed intake and feed efficiency following long term selection for four week body weight in Japanese quail. Poultry Science **72**: 1005-1011.

Mehdipour, Z., M. Afsharmanesh e M. Sami, 2013. Efeito da suplementação dietética, simbiótica e de canela (*Cinnamomum verum*) no desempenho do crescimento e na qualidade da carne em codornizes japonesas. *Livestock science,* **154:** 152- 157.

Minvielle, F., J. L. Monvoisin, J. Costa e Y. Maeda, 2000. Long-term egg production and heterosis in quail lines after within-line or reciprocal recurrent selection for high early egg production. *British Poultry Science,* **41:** 150-157.

Mohammed, F. A., 1990. Estudos sobre as necessidades proteicas das codornizes japonesas durante os períodos de crescimento e de postura. Tese de doutoramento. Tese, Faculdade de Agricultura, Universidade Al-Azhar.

Mohammed, F. M. S., A. Gupta. B, N. Rao. G e R. Reddy. R, 2006. Genetic evalution of the performance of Japanese quails (Avaliação genética do desempenho das codornizes japonesas). *Indian Journal of Poultry Science, 41*: 129-133.

Mohan B, Narahari D e Alfred Jayaprasad I 1990. Influence of age and sex on tenderess and organoleptic characteristics of Japanese quail *(C.coturnix japonica)* meat. *Indian Journal of Poultry Science.* **25**: 93-96.

Mohan, B., D. Narahari e A. Jayaprasad, 1990. Influence of age and sex on tenderess and organoleptic characteristics of Japanese quail *(C.coturnix japonica)* meat. *Indian Journal of Poultry Science.* **25**: 93-96.

Musa, H.H., G.H. Chen, J.H. Cheng1, E.S. Shuiep e W.B. Bao, 2006. Breed and Sex Effect on Meat Quality of Chicken (Efeito da raça e do sexo na qualidade da carne de frango). *International Journal of Poultry Science, 5* **(6):** 566-568.

Narinc, D., T. Aksoy e E. Karaman, 2010. Parâmetros genéticos dos parâmetros da curva de crescimento e pesos corporais semanais em codornizes japonesas *(Coturnix coturnix japonica)*. *Journal of Animal Veterinary and Advanced,* **3:** 501-507.

Narinc. D., T. Aksoy, E. Karaman, A. Aygun, M. Z. Firat e M. K. Uslu , 2013. Qualidade da carne de codorniz japonesa: Características, herdabilidades e correlações genéticas com algumas características de abate. *Poultry Science,* **92**: 1735-1744.

Ngoka, D. A., G. W. Froning, S. R. Lowey e A. S. Babji, 1982. Effects of sex, age, perslaughter factors, and holding conditions on the quality characteristics and chemical composition of turkey breast muscles. *Poultry Science,* **61**:1996- 2003.

Northcutt, J. K., R. J. Buhr, L. L. Young, C. E. Lyon e G. O. Ware, 2001. Influence of age and postchill carcass aging duration on chicken breast fillet quality (Influência da idade e da duração do envelhecimento da carcaça pós-resfriamento na qualidade do filé de peito de frango). *Poultry Science,* **80**:808-812.

Nuernberg, K., J. Slamecka, J. Mojto, J. Gasparik e G. Nuernberg, 2011. Composição da gordura muscular do faisão *(Phasianus colchicus),* patos selvagens *(Anas platyrhynchos)* e galeirão preto

(Fulica atra). Jornal Europeu de Investigação sobre a Vida Selvagem. **57:** 795 - 803.

Ockerman, H. W., 1975. Química do músculo e dos órgãos principais. Em Meat Hygiene, 4 Edition, 232-243. Lea and Febiger, Filadélfia, EUA.

Ojedapo, L.O e S. R. Amao, 2014. Dimorfismo sexual nas características da carcaça de codornizes japonesas *(coturnix coturnix japonica)* criadas na zona de savana derivada da Nigéria. *Revista Internacional de Ciência, Ambiente e Tecnologia,* **3(1):** 250 - 257.

Omojola, A.B., O.A. Isah, M.K. Adewumi, O.O. Ogunsola e S. Attah, 2003. Avaliação do efeito de vários aditivos na aceitabilidade de Kilishi Tropics. *Journal of Animal Science,* **6:** 97-101.

Omojola, A.M., 2007. Carcass and Organoleptic Characteristics of Duck Meat as Influenced by Breed and Sex (Características da carcaça e organolépticas da carne de pato influenciadas pela raça e pelo sexo). *International Journal of Poultry Science,* **6 (5):** 329-334.

Ozcelik, M., O. Poyraz e Z. Akinci, 1998. The effect of sex on slaughter and carcass characteristics in quails. *Saglik-Bilimleri-Dergisi-Veteriner-Firat- Universitesi,* **12:** 133-139. Citado de *CAB* Abstracts.

Panda, B. e R.P. Singh, 1990. Developments in processing quail meat and eggs (Desenvolvimentos na transformação de carne e ovos de codorniz). *World Poultry Science Journal,* **46(13):** 219-234.

Panda, B., S. D. Ahuja, e A. S. Shrivastav, 1987. Quail production technology. *World Poultry Science Journal,* **50(3):** 173-181.

Pereira, A. S., R. W. Evans e W. J. Stadelman, 1976. The effect of processing on some characteristics, including fatty acid composition of chicken fat. *Poultry Science,* **55:** 510 - 515.

Peterson D W, e A L Lilyblade 1969. Relative differences in tenderess of breast muscle in normal and two dystrophic mutant strains of chickens. *Journal of Food Science and Technology,* **34:** 142-145.

Poole, G. H., C. E. Lyon, R. J. Buhr, L. L. Young, A. Alley, J. B. Hess, S. F. Biligli e J. K. Northcutt, 1999. Evaluation of age, gender, strain, and diet on the cooking yield and shear values of broiler breast fillets. *Journal of Applied Poultry Research,* **8:**170-176.

Punyakumari, B., B. Ramesh Gupta, A. Rajasekhar Reddy, M. Gnana Prakash e K. Sudhakar Reddy, 2008. Factores genéticos e não genéticos que afectam as características da carcaça das codornizes japonesas *(Coturnix Coturnix Japonica). Indian Journal of Animal Research,* **42 (4):** 248-252.

Rahayu, I. H. S., I. Zulkifli, M. K. Vidyadaran, A. R. Alimon e S. A. Babjee, 2008. Carcass Variables and Chemical Composition of Commercial Broiler Chickens and the Red Jungle Fowl. *Asian-Australasian Journal of Animal Sciences,* **21(9)**: 1376 - 1382.

Rehfeldt, C., N. C. Stickland, I. Fiedler e J. Wegner, 1999. Environmental and Genetic Factors as Sources of Variation in Skeletal Muscle Fibre Number (Factores ambientais e genéticos como fontes de variação no número de fibras musculares esqueléticas). *Basic Applied Myology,* **9(5)**: 235-253.

Renerre, M., 1986. Influence de facteurs biologiques et technologiques sor 19 couleur de la viande borine. *Boletim Técnico C.R.Z.V. Theix INRA,* **65:** 41-45

Ribarski, S e A. Genchev, 2013, Efeito da raça na qualidade da carne em codornizes japonesas *(coturnix coturnix japonica). Trakia Journal of Sciences,* **2:** 181-188.

Ribarski, S., A. Genchev e S. Atanasova, 2013. Efeito dos termos de armazenamento a frio nas características físico-químicas da carne de codorniz japonesa (*Coturnix coturnix japonica*). *Ciência e Tecnologia Agrícola,* **5(1):** 126 - 133.

Saini, S., Brah. G. S e Chaudhary. M. L, 2007. Effect of selection for 4-week body weight on growth, haematocrit and thermoregulation in Japanese quails (Efeito da seleção para o peso corporal às 4 semanas sobre o crescimento, o hematócrito e a termorregulação das codornizes japonesas). *Indian Journal Poultry Science,* **42**: 125-130.

Sakunthaladevi, K., B. R. Gupta, M. G. Prakash, S.Qudratullah e A. R. Reddy, 2010. Estudos genéticos sobre características de crescimento e produção em duas estirpes de codornizes japonesas. *Jornal de Ciências Veterinárias e Animais de Tamilnadu,* **6 (5)**: 223-230.

Salakova, A., E. Strakova, V. Valkova1, H. Buchtova e I. Steinhauserova, 2009. Quality Indicators of Chicken Broiler Raw and Cooked Meat Depending on Their Sex. *Ata Veterinaria Brno,* **78:** 497-504.

Sari, M., M. Tilki e M. Saatci, 2011. Parâmetros genéticos de características de abate e de carcaça em codornizes japonesas *(Coturnix coturnix japonica). British Poultry Science,*.**52(2)**: 169-172.

Sarica, S., M. Corduk e K. Kilinc, 2005. The effect of dietary L-Carnitine supplementation on growth performance, carcass traits and composition of edible meat in Japanese quail (Coturnix *coturnix japonica). Journal of Applied Poultry Research,* **14**: 709-715.

Sarvella, P., M, Robinson, C, Davis e L, Fulton, 1973. Palatabilidade e qualidade da carne de híbridos de galinha-faisão e galinha-caudilho. *Poultry Science,* **52:**1578-1583.

Scheuermann, G. N., S. F. Bilgili, S. Tuzun e D.R. Mulvaney, 2004. Comparação de genótipos de frango: número de miofibras no músculo peitoral e ontogenia da miostatina. *Poultry Science,* **83:** 1404-1412.

Schoppmeyer, S., A. Fiedler, I. Numberg, G. Jonas, L. Ender, K. Maak, S. Rehfeldt, 2008. Simulação do desenvolvimento de fibras gigantes em amostras de biópsia do músculo ongissimus do porco. *Meat Science,* **80:** 1297-1303.

Sekar, I., S. kul e M. Bayraktar, 2009. Effect of group size on fattening performance, mortality rate, slaughter and carcass characteristics in Japanese quails *(coturnix coturnix japonica). Journal of Animal and Veterinary Advances,* **8(4)**: 688- 693.

Seker, I., M. Bayraktar, S. Kul e O. Ozmen, 2007. Effect of slaughter age on fattening performance and carcass characteristics of Japanese quails (*Coturnix Coturnix japonica). Journal of Applied Animal Research,* **31:** 193-195.

Shashikumar, 2008 - Estudo das características de qualidade da carne de várias estirpes de codornizes japonesas. Tese de doutoramento da Faculdade de Veterinária Sri Venkadeswara, Thirupathi.

Shashikumar, M., K. Sudhakar Reddy, K. Kondal Reddy e N. Krishnaiah, 2011. Estudos sobre o efeito da idade e do sexo nas características da carcaça de várias manchas de codornizes japonesas, *Indian Journal of Poultry Science,* **46(1)**: 25-30.

Sheu, K. S. e T. C. Chen, 2002. Características de rendimento e qualidade da gordura comestível da pele de frango obtida a partir de cinco métodos de transformação. *Journal of Food Engineering,* **55:** 263 - 269.

Sheu, K. S., e T. C. Chen. 2002. Características de rendimento e qualidade da gordura comestível da pele de frango obtida a partir de cinco métodos de transformação. *Journal of Food Engineering,* **55:**263-269.

Shrimpton, D. H., e W. S. Miller, 1960. Algumas causas da dureza em frangos de carne (frangos jovens para assar): II. Efeitos da raça, do maneio e do sexo. *British Poultry Science,* **1:** 111-121.

Shrivastava, A. K e B. Panda, 1999. A review of quail nutrition research in India. *World's Poultry Science Journal,* **55(01)**: 73-81.

Singh R.P e Panda B 1987 Comparative carcass and meat yields in broiler and spent quails. *Indian Journal of Animal Sciences.* **57**: 904-907.

Singh, R. P., A. K. Shrivastav e B. Panda, 1980. Estudos sobre as características de abate das codornizes japonesas *(C.c.japonica)* em diferentes fases de crescimento. *Indian Poultry Gazette,* **64**: 12-17.

Singh, R. P., A. K. Shrivastav e B. Panda, 1981. Meat yield of Japanese quail (Coturnix Coturnix Japonica) at different stages of growth (Rendimento de carne de codorniz japonesa (Coturnix Coturnix Japonica) em diferentes fases de crescimento). *Indian Journal of Poultry Science,* **16(2)**: 119-125.

Sivakumar, P., 2013. Um estudo sobre o efeito do peso pré-abate nos traços da carcaça e na qualidade da carne e composição proximal da carne de cabra kanni. *Revista Internacional de Ciência, Ambiente e Tecnologia,* **2(5)**: 994-999.

Smith, D. P., J.K. Northcutt, C.S. Sigmon1 e M.A. Parisi, 2015. Efeito do sexo, tamanho da ave e marinação na qualidade da carne do peito de pato. *International Journal of Poultry Science,* **14 (4)**: 191-195.

Snedecor, G. W. e W. G. Cochran, 1994. Statistical Methods, The Iowa State University Press, Iowa.

Srinivasan, S., Y. L. Xiong, S. P. Blanchard e W. G. Moody, 1997. Proximate, Mineral and Fatty Acids Composition of Semimembranosus and Cardiac Muscles from Grass- and Grain-Fed and Zeranol-Implanted cattle. *Food Chemistry,* **63**: 543-547.

Tarhyela, R., S. A. Henab e B. K. Tanimomo, 2012(a). Efeitos da idade no peso dos órgãos e nas características da carcaça de codornas japonesas *(Coturnix Japonica). Revista Científica de Agropecuária,* **1(1):** 21-26.

Tarhyela, A., B. K. Tanimomob e S. A. Henac, 2012(b). Efeito do sexo, cor e grupo de peso nas características da carcaça de codornizes japonesas. *Revista Científica de Ciência Animal,* **1(1)**: 22-27.

TNAU Agritech portal : Agricultura sustentável <u>http://agritech.tnau.ac.in/farm</u> enterprices :: Criação de animais.

Treat, D. W e T. L. Goodwin, 1973. Effects of sex, size and time of cutting on processing yields and tenderess of broilers. *Poultry Science,* **52**:1348-1353.

Tuma H J, Venable J H, Wuthier P R e Henrickson R L 1962. Relationship of fibre diameter to tenderess and meatiness as influenced by bovine age. *Journal of Animal Science.* **21**: 33-36.

Tumova, E e A. Teimouri, 2009. Características das fibras musculares do frango e qualidade da carne:

uma revisão. *Scientia Agriculturae Bohemica,* **40(4):** 253-258.

Vadivukkarasi, N., Edwin. S. C e Viswanathan. K, 2007. Effect of feed restriction in Japanese quail (Efeito da restrição alimentar nas codornizes japonesas). *Indian Journal of Poultry Science,* **42**: 205-207.

Vali, N., 2009. Crescimento, consumo de ração e composição da carcaça de *Coturnix japonica, Coturnix ypsilophorus* e seus cruzamentos recíprocos. *Asian Journal of Poultry Science,* **3(4):**132-137.

Vali, N., M. A. Edriss e H. R. Rahmani, 2005. Parâmetros genéticos do corpo e alguns traços de carcaça em duas estirpes de codornizes. *International Journal of Poultry Science,* **4**: 296-300.

Wang, K. H., S. R. Shi, T. C. Dou e H. J. Sun, 2009. Efeito de um sistema de criação ao ar livre no desempenho do crescimento, no rendimento da carcaça e na qualidade da carne de frangos de crescimento lento. *Poultry Science,* **88:**2219-2223.

Wattanachant, S., S. Benjakul, e D. A. Ledward. 2005. Microstructure and thermal characteristics of Thai indigenous and broiler chicken muscles. *Poultry Science,* **84:**328-336.

Wawro, K., E, Wilkiewicz-Wawro, K. Katarzyna e W. Brzozowski, 2004.
Valor de abate e qualidade da carne de patos almiscarados, patos Pekin e seus cruzamentos, e avaliação do efeito da heterozis. *Arc Tierz Dummerstorf,* 47 (3): 287-299.

Weaver, A.D., B. C. Bowker e D. E. Gerrard, 2008. Sarcomere length influences postmortem proteolysis of excised bovine *semitendinosus* muscle. *Journal of Animal Science,* **86:** 1925-1932.

Wheeler, T. L., S. D. Shackelford e M. Koohmaraie, 2000. Variation in proteolysis, sarcomere length, collagen content and tenderness among major pork muscles. *Journal of Animal Science,* **78:** 958.

Wilkanowska, A e D. Kokoszynski, 2011. Comparação do valor de abate em codornizes do faraó de diferentes idades. *Jornal da Agricultura da Europa Central,* **12(1):** 145- 154.

Wilson, B. W., P. S. Nieberg, R. J. Buhr, B. J. Kelly, e F. T. Shultz, 1990. Turkey muscle growth and focal myopathy. *Poultry Science,* **69:**1553-1562.

Wilson, W. O., B. Anderson e T. D. Siopes, 1971. A importação de codornizes japonesas de estirpe selvagem (coturnix selvagem) oferece novas possibilidades para as aves de caça. *Agricultura da*

Califórnia.

Yalcin,S., I. Oguz e S. Otles, 1995. Características da carcaça de codornizes (Coturnix coturnix japonica) abatidas em diferentes idades. British *Poultry Science,* **36**: 393-399.

Zerehdaran, S., E. Lotfi e Z. Rasouli, 2014. Avaliação genética de características de qualidade da carne e sua correlação com o crescimento e a composição da carcaça em codornas japonesas. *British Poultry Science,* **53(6):** 756-762.

I want morebooks!

Buy your books fast and straightforward online - at one of world's fastest growing online book stores! Environmentally sound due to Print-on-Demand technologies.

Buy your books online at
www.morebooks.shop

Compre os seus livros mais rápido e diretamente na internet, em uma das livrarias on-line com o maior crescimento no mundo! Produção que protege o meio ambiente através das tecnologias de impressão sob demanda.

Compre os seus livros on-line em
www.morebooks.shop

Printed by Books on Demand GmbH, Norderstedt / Germany

Printed by Books on Demand GmbH, Norderstedt / Germany